化工原理实验

周立清　邓淑华　陈兰英　编

华南理工大学出版社
·广州·

图书在版编目(CIP)数据

化工原理实验/周立清，邓淑华，陈兰英编．—广州：华南理工大学出版社，2010.8（2018.7 重印）
ISBN 978－7－5623－3092－9

Ⅰ．①化…　Ⅱ．①周…②邓…③陈…　Ⅲ．①化工原理—实验—高等学校—教材　Ⅳ．①TQ02－33

中国版本图书馆 CIP 数据核字（2010）第 135246 号

总 发 行：华南理工大学出版社（广州五山华南理工大学 17 号楼，邮编 510640）
营销部电话：020－87113487　87110964　87111048（传真）
E-mail：scutc13@scut.edu.cn
http://www.scutpress.com.cn
责任编辑：欧建岸
印 刷 者：虎彩印艺股份有限公司
开　　本：787mm×960mm　1/16　印张：9.25　字数：182 千
版　　次：2010 年 8 月第 1 版　2018 年 7 月第 4 次印刷
印　　数：5 501～6 500 册
定　　价：20.00 元

前　言

化工原理是研究化工生产过程中各单元操作的工程学科。它紧密联系生产实际，是石油、化工、轻工等专业学生必修的一门专业基础课程。其教学目的是使学生学会用自然科学的原理考察、解释和处理工程实际问题。实验是教学中的一个重要的实践环节。通过实验，学生不但巩固了所学过的理论知识，而且还能在实验中增长不少新的知识，受到系统的、严格的工程实验训练，因而提高了动手能力和分析、解决问题的能力。迄今为止，面对生动而复杂的化工生产过程中的各种现象，还不能只靠几个假定和定理，或者是演绎推导的方法就能得到应用的理论。因此，不论是工程的可行性研究、新技术的开发和应用，或是工程设计的依据，往往都有赖于以实验为基础的经验或半经验公式，或者直接取用实验放大的数据。这就是为什么要求学生必须掌握实验技能的原因，教师和学生都要把这一点作为衡量教学质量的一个重要方面。

本书内容共分五章，着重介绍了实验原理、实验装置和实验方法，简略介绍了数据的处理及常用仪表的测量方法和计算机在化工中的应用。

目　录

绪 论

化工原理实验是化工原理课程中十分重要的实践教学环节。其目的是加深学生理解化工单元操作的基本原理，熟悉和掌握各单元操作设备的工作原理、特性以及使用方法，熟悉和掌握常见的化工仪表的工作原理和使用方法，在实验中培养学生分析和解决化工过程中工程问题的能力，加强动手能力训练，培养和提高实验技能。

一、化工原理实验的重要性

化工原理实验课程属于工程实验范畴，其与前置实验课程不同的是，它具有工程的特点，每个单元操作实验相当于化工生产中的一个基本过程，通过它能建立起一定的工程概念。同时，随着实验的进行，会遇到很多工程实际问题，对工科学生来说既可以在做实验的过程中更实际、更有效地学习和掌握更多工程实验方面的原理与测试手段，又可以理解复杂的真实设备与工艺过程同描述这一过程的数学模型之间的关系，还可以认识到对于一个看似复杂的过程，如何用最基本的原理来解释和描述。

1. 实验方法和技能训练

化工原理实验不仅能验证化工原理的基本理论，而且能加深对课堂教学内容的理解，更为重要的还在于对未来的科技工作者进行实验方法、实验技能的基本训练，培养学生独立组织和完成实验的能力，以及严肃认真的工作作风和实事求是的科学态度，为将来从事科学研究和解决工程实际问题打下基础。

2. 工程能力训练

首先，本课程的目的是培养学生在单元实验中，不仅了解单元操作和设备的组成、工艺流程，而且更主要的是通过实验现象和数据找出工程实际问题的主要实质，提出问题并找到解决问题的办法。为了在工程训练中培养学生必备的素质和工程观点，在教学中应经常提出一些相关的问题让学生去思考。

其次，深化实验目的，帮助学生养成思考的习惯，培养学生掌握实验技能以解决实际问题的能力。

3. 指导实际生产

化工原理单元操作与工业生产的过程紧密相连，单元实验过程实际上是工业生产中某一生产工序的一个缩影。在实验中熟悉和掌握单元操作的原理、设备特性，并对实验中的现象和数据进行分析，可从中总结出一定的规律，把学到的理论和实践应用于生产实际中。

二、化工原理实验的特点

1. 工程实验

工程实验不同于基础课程实验，基础课程实验采用的方法是理论的、严密的，处理的对象通常是简单的、基本的甚至是理想的，而工程实验面对的是复杂的实际问题和工程问题。对象不同，实验研究方法也必然不相同。工程实验的困难在于变量多，涉及的物料千变万化，设备大小悬殊，困难可想而知。数学模型法和因次分析法是研究工程问题的两种基本方法，这两种方法可以使实验研究结果由小见大、由此及彼地应用于大设备的生产设计上。如，在因次分析法指导下实验，可不需要对过程深入理解，不需要采用真实物料、流体或实际的设备尺寸，只需要借助模拟物料（如空气、水等）在实验室规模的设备中，经一些预备性的实验或理性推断得出影响过程的因素，从而加以归纳和概括成经验方程。数学模型法是在对过程有充分认识的基础上，将过程作高度概括，得到简单而不失真的物理模型，然后给予数学描述。这种方法同样具备以小见大、由此及彼的功能。

2. 设备组成复杂

化工单元操作由许多单元过程和设备组成，每一个单元操作实际上是生产中的一部分，实验所涉及的因素（如变量多、设备特性、过程因素复杂等）也多。因此，在实验中应熟悉实验原理，了解设备的特性，运用所学理论指导并独立完成化工单元操作，从而完成指定的实验任务。

3. 团队实验

化工原理实验装置比较庞大，实验的测控点多，必须由几个人共同合作完成，实际上是团队实验。若一个人做实验，实验时可能顾此失彼。由此可见化工原理实验的特殊性。所以，实验时要做到既有分工，又有合作，既要保证实验质量，每一位成员又要尽可能获得全面训练，这就要求团队成员在实验过程中要有一定的组织能力、责任心和协作精神，才能有条不紊地完成实验任务。

三、化工原理实验教学的基本要求

1. 学会和掌握处理工程问题的方法

化工原理实验始终贯穿于处理工程问题的实验研究这一主线，在实验中要求学会观察现象、分析问题和处理工程实际问题。所以正确掌握并灵活应用实验方法，对培养学生的工程实践能力和过程开发能力是很有帮助的。

2. 熟悉数据的基本测试和仪表的选型和使用

实验中的数据包括物性参数（密度、粘度、比热容等）、操作参数（温度、流量、压力、浓度等）、设备结构参数（管长、管径等）、设备性能参数（阻力系数、传热系数、传质系数、功率、效率等）数据。在这些参数中，物性数据可从文献或手册中查取，操作参数则必须通过实验过程用相应仪表测取。因此，学生必须熟悉化工常用测取技术和仪表的使用方法。

3. 熟悉与掌握化工典型单元设备的操作

化工原理实验中各单元装置的基本结构和操作原理，是与化工生产过程中的装置相同的。因此，实验中出现的问题和处理问题的方法，也可以应用于实际的化工生产中，因此学生应重视实验设备的操作。通过实际操作了解有关影响过程参数和装置的特性，并能根据实验现象调整操作参数，根据实验结果预测某些参数的变化对设备性能的影响。

4. 掌握实验规则和流程设计的方法

正确地规划实验方案对实验的顺利进行并取得成功是很重要的。通过学习实验理论和实验规划设计，从而正确地制订详细可行的实验方案，才能正确设计实验流程，确定测试点和控制点。

5. 熟悉与掌握实验数据的处理方法

化工原理各单元实验的结果不能从实验测取的数据中直接得出，必须通过数据处理才能得出。因此，在实验时要认真观察和分析实验现象，以严肃的科学态度做好原始数据的记录，要熟悉、掌握实验数据的处理方法，要学会用有关的理论知识分析和解释现象，同时根据实验结果总结其特点和规律。

6. 熟悉和掌握流程设计

实验流程图是单元实验装置的综合表现，熟悉和掌握流程设计是完成实验的关键。只有熟悉和掌握流程，才能熟悉整个实验设备和测控点，以及正确完成实验的操作过程。

四、做好实验的基本要求

学生必须经历预习——仿真实验——写出预习报告——实验操作——数据处理——实验报告这些学习步骤。

1. 实验前的准备

实验开始前首先要考虑如下问题：为完成实验所提出的任务采用什么样的装置，选用什么物系，流程应怎样安排，读取哪些数据，应该如何布点等。如果实验装置已经确定，实验开始前要弄清装置的原理和构造，看清流程，了解启动和使用方法（注意：未经指导教师许可，不要擅自开动！），还要考虑实验要如何布点，如何读取实验数据，并设计好记录数据的表格，预测可能出现的故障及其解决的办法。

2. 计算机模拟仿真

为了提高学生素质能力，提高实验教学质量，化工原理实验采用仿真实验和实验操作相结合的教学方法。

仿真实验是让学生在计算机上做模拟实验，通过模拟实验，熟悉实验装置的组成、性能、实验操作步骤和注意事项，思考并回答有关问题，从而强化学生对基础理论的理解。仿真实验要求学生正确使用设备，仔细观察现象，了解实验过程的细节（如实验操作步骤、实验点的布置）和实验结果，为进行实验操作奠定一定的基础。

3. 实验时读取数据应注意的问题

（1）凡是影响实验结果或者数据整理过程中所必需的数据都必须测取。如大气条件、设备有关尺寸、物料性质及操作数据等。

（2）凡可以根据某一数据导出或从手册中查取的其他数据，就不必直接测定。例如：水的粘度、密度等物理性质，一般只要测出水温即可查出，不必直接测定。

（3）实验时一定要在现象稳定后才开始读取数据。条件改变后，要稍等一会，待达到稳定后方可读数。

（4）同一条件下，至少要读取两次数据（研究不稳定过程除外）。在两次数据相近时，方可改变操作条件。每个数据在记录后都必须复核，以防读错或记错。

（5）根据仪表的精确度正确地读取有效数字。必须记录仪表显示的数据，而不是通过换算或演算以后的数据。读取的数据必须真实地反映客观实际，即使已经发现是不合理的数据，也要如实地记录下来，待讨论实验结果时进行分析讨论。

4. 实验过程中的各项工作

（1）操作者必须密切注意仪表指示值的变动，随时调节，务使整个操作过程都在规定条件下进行，尽量减小实验操作条件和规定操作条件之间的差距。操作人员不要擅自离开岗位。

（2）读取数据以后，应立即和前次数据相比较，也要和其他有关数据相对照，分析相互关系是否合理。如果发现不合理的情况，应该立即同小组同学研究原因，确定是自己认识错误还是测定的数据有问题，以便及时发现问题、解决问题。

（3）实验过程中还应注意观察各种现象，特别是发现某些不正常现象时更应抓紧时机，研究产生不正常现象的原因。

（4）由于化工原理实验是团队实验，实验中要精心组织，团结协作，要有责任感和合作精神。

五、怎样编写实验报告

实验报告是实验工作的总结，撰写报告是对学生综合能力的训练。因此，学生应独立完成实验报告的编写工作。

实验报告要求文字简明，说理充分，条理清晰，计算正确，图表规范，而且有分析讨论。报告应包括以下内容：

（1）实验题目；

（2）报告人及其合作者的姓名；

（3）实验任务；

（4）实验原理；

（5）实验流程设计；

（6）简要的实验操作步骤；

（7）原始记录数据；

（8）实验数据处理（列出其中一组数据的计算示例），对从资料查获的数据要注明来源；

（9）整理后将实验数据列成表格（表格规范，要求采用三线表）；

（10）实验结果，并用图线或用关系式标出；

（11）结果分析与讨论；

（12）实验总结等。

六、关于综合型、设计型实验

综合型、设计型实验属于“提高型”实验，旨在加强学生综合知识的应用、独立动手能力、分析和解决工程问题能力的培养而安排的实验。

综合型实验主要根据知识点的要求、仪器仪表的使用及实验的分析方法等过程，要求学生运用综合知识去完成实验。

设计型实验由学生设定实验流程和确定操作参数，在规定的时间内达到完成实验产量和质量的指标要求，最后尚需作初步的经济核算。

学生在全程实验课中必须完成至少一个综合型和设计型实验。在综合型实验和设计型实验的报告中必须有实验体会和收获部分内容。

第一章 实验基础知识

第一节 实验误差分析及数据处理

一、有效数字的概念

在测量和实验的数据处理中，应该用几位数字来表示测量和实验结果是一个很重要的问题。那种认为小数点后面的数字越多越准确，或者是运算结果保留的位数越多越准确的想法是错误的。测量值所取的位数，应正确反映所用的仪器和测量的方法可以达到的精度。

记录测量数值时，一般只应也只能保留一位估计数字。例如：微压计的读数为125.7mm H_2O，前三位数字125是准确知道的，0.7是估计读出的。为了能清楚地表示出数据的准确度和便于运算，可将读取的数据写成指数的形式。在第一位有效数字后加小数点，而其数值的数量级则由10的幂次方来确定。比如刚才读的125.7mm H_2O，可记为1.257×10^2mm H_2O，它表示其有效安全数字为4位。这时即使有效安全数字末位为零，也要记取。例如：微压计读数恰为125.0mm H_2O，可记为1.250×10^2mm H_2O。

如果是非直接测量值，即必须通过中间运算才得到结果的数据，可按有效数字的运算规则进行处理。

（1）加法运算：在各数中，以小数位数最少的数为准，其余各数均凑成比该数多一位。

例1 $60.4+2.02+0.222+0.0467$

$60.4+2.02+0.22+0.05=62.69$

（2）减法运算：当相减的数差得较远时，有效数字的处理与加法相同；但如果相减的数非常接近，这样相减则可能失去若干有效数字，因此除了保留应该保留的有效数字外，应对记数方法或测量方法加以改进，使之不出现两个相接近的数相减的情况。

（3）乘除法运算：在各数中，以有效数字位数最少的数为准，其余各数及积

（或商）均凑成比该数多一位。

例2　$603.21 \times 0.32 \div 4.011$

$603.21 \times 0.32 \div 4.01 = 48.1$

（4）计算平均值：若为4个或超过4个数相平均，则平均值的有效数字位数可增加一位。

（5）乘方及开方运算：运算结果比原数据多保留一位有效数字。

例3　$25^2 = 625$

$\sqrt{4.8} = 2.19$

（6）对数运算：取对数前后的有效数字位数应相等。

例4　$\lg 2.345 = 0.3701$

$\lg 2.3456 = 0.37025$

二、实验数据的处理

化工原理实验测量多数是间接测量，实验数据一般处理的程序是：首先将直接测量结果按前后顺序列出表格，然后计算中间结果、间接测量结果及其误差，并且将这些结果列成表格，最后按实验要求将结果用图形表示出来，或者用经验公式表示。

1. 实验曲线的绘制

实验数据图形表示法的优点是直观清晰，便于比较，容易看出数据中的极值点、转折点、周期性以及其他特性。精确的图形还可以在不知数学表达式的情况下进行微积分运算。根据数据作图，通常要考虑以下问题：

（1）坐标系的选择：化工常用的坐标有直角坐标、对数坐标和半对数坐标等。根据数的关系或预测函数形式来进行选择，如是线性函数，采用直角坐标；如是幂函数，采用对数坐标以使图形线性化；指数函数则采用半对数坐标；若自变量或因变量中的一个最小值与最大值之间数量级相差太大时，亦可以选用半对数坐标。

例如：对于 $y = ae^{bx}$ 函数，可用 y 为对数分度、x 为直线分度的半对数坐标，因为

$$\ln y = \ln a + bx$$

而对于 $y = ax^b$ 应采用双对数坐标，因为

$$\lg y = \lg a + b\lg x$$

应该清楚地看到，在对数坐标上，标出的数值为真数，原点应该是1而不是零，又由于1，10，100等的对数分别为0，1，2等，所以在坐标纸上每一数量级的距离是相等的。由于是真数标值，所以求取直线的斜率时，不能直接用标度数值计算，而

应该用它的对数，该斜率为 k，如图 1－1 所示。

$$k = \frac{\lg y_2 - \lg y_1}{\lg x_2 - \lg x_1}$$

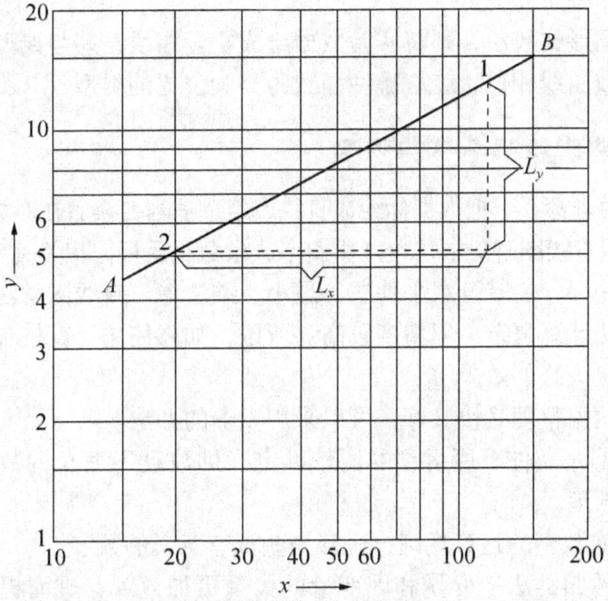

图 1－1　双对数坐标直线斜率和截距图解法示意图

（2）坐标的分度：首先，坐标的分度应与实验数据的有效数字大体相符，最适合的分度是使实验曲线坐标读数和实验数据具有同样的有效数字位数。其次，如果纵横坐标之间的比例不能取得一致，应根据具体情况选择，使实验曲线的坡度介于 30°～60°之间。这样的曲线，坐标读数准确度较高，如图 1－2 所示。

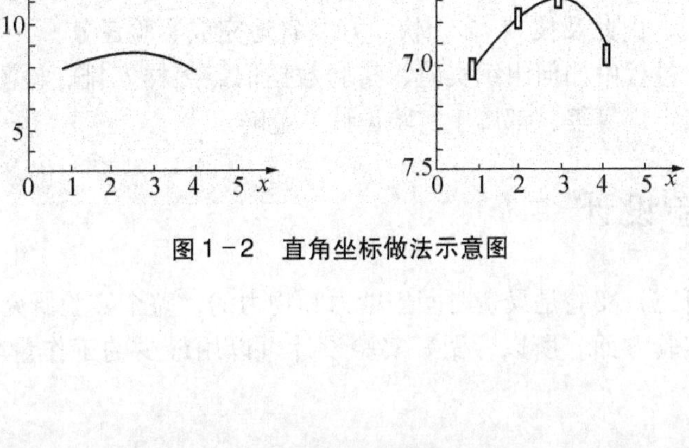

图 1－2　直角坐标做法示意图

2. 经验公式的确定

经验公式法，又称数学模型法。它直观地描述了过程或现象的自变量和因变量之间的关系，也是一种重要的方法。

通常多采用图形比较法，即将实验数据绘成实验曲线，并与典型曲线相比，看实验曲线与哪种函数曲线相似，就取哪种函数为经验公式的类型。

3. 经验公式中待定系数的确定

凡可以在普通坐标系下把数据标绘成直线或经过适当变换后在对数坐标系上化为直线的，均可以采用直线图解法求常数（求斜率或求截距后根据相关关系计算出来）。

除直线图解法外，还有分组平均法、最小二乘法等。直线图解法最简单，但精度较差；最小二乘法计算复杂，但精度较高。所以，如果使用计算机计算，采用最小二乘法可以达到又快又好的效果。

为了使实验数据整理又快又好，可以采用以下的办法。

（1）对于在同一条件下所得到的比较稳定（即波动不大）的数据，可先取其平均值再进行数据处理。

（2）根据有效数字的运算规则，舍弃一些没有意义的数字。

（3）采用常数归纳法使变量和因变量的关系更加直观，进而提高计算速度。所谓常数归纳法就是将计算公式中的常数归纳为一个常数。

第二节　实验设计

实验方法是化学工程研究方法中的一种。它是通过实验直接测定各变量之间的关系，以表格、线图或经验公式的形式表示。成功的实验来自于正确的方案和严谨的科学态度。所谓严谨的科学态度就是实事求是的工作态度加上正确的数据处理方法。正确的方案包括了从方案的制定到装置的设计、物系的选定及数据的读取这一全过程，做到“以小见大、由此及彼”，多、快、好、省地完成实验任务。

在化工实验过程中如何组织实验、实验数据取点怎样安排、检测变量如何选择、变化范围怎样确定，等等，都属于实验设计的范畴。

一、实验设计

对于科学研究，实验是最费时间、精力和物力的，整个实验研究过程的主要成本也总是耗费在实验方面。所以，做好实验设计可以用最少的工作量来获取最多的信息，这样既可大幅度地节约研究成本，又可以达到事半功倍的效果。

在实验设计中，如果变量的范围或实验点的位置选择不恰当，不但浪费时间、人力、物力，而且可能导致错误的结论。因此，正确地确定实验变量的变化范围和安排实验点是十分重要的。如，在流体流动阻力的测定实验中，如何获取 $\lambda—Re$ 关系好的实验结果，则在小流量（即小雷诺数范围）适当多安排实验点，大流量时少布几个点，这样得到的结果才比较好。不然曲线布点不足或实验点再多，也难以正确反映 λ 的变化规律。

二、实验数据整理方法

实验数据的测量和选取，对实验而言，其最终的目的是通过实验数据找出其中的内在关系，并将其归纳成图表或经验公式，以验证理论，指导实践和生产。因此，这些数据通常用列表法、图示法和方程表示法来表示。

1. 列表法

将实验直接测定的数据或根据测量值计算得出的数据，按自变量和因变量的关系以一定的顺序列出数据表格。

2. 图示法

由于列表法一般难于直接观察到数据间的规律，故通常需将实验结果用图形来表示，这样能使实验结果变得简明直观，而且便于比较，易于显示结果的规律性或趋向。但是作图时应遵循基本准则，如图纸的选择、坐标分度选择等，否则将得不到预期的结果，甚至会出现错误的结论。

3. 方程表示法

在化学化工中，为了工程计算的方便，常常需要将实验数据或计算结果用数学方程或经验公式的形式表示。经验公式通常表示成无量纲的数群或准数关系式。

第三节 流程设计

流程设计是实验过程中一项重要的工作内容。由于化工实验装置是由各种单元设备和测试仪表通过管路、管件和阀门等以系统的合理的方式组合而成的整体，因此在掌握实验原理、确定实验方案后，要根据实验原理和实验方案的要求和规定进行流程设计，并根据设计结果搭建实验装置，以完成实验任务。

一、流程设计的内容

（1）选择主要设备和辅助设备；
（2）确定主要检测点和检测方法；
（3）确定控制点和控制手段。

二、化工实验流程设计步骤

（1）根据实验原理和任务选择主体设备，然后考虑实验的需要和操作要求确定附属设备；

（2）根据实验原理找出所有的原始变量，由此确定检测点和检测方法，并配置必需的检测仪表；

（3）由实验操作要求确定控制点和控制手段，配置必要的控制和调节装置；

（4）画出实验流程图（主体设备和辅助设备要根据设备的大小形状画，然后用管线连接，用符号标注检测点和标注设备名称、物料走向等）；

（5）对实验流程的合理性作出评价。

三、实验流程图的基本要求

在化工设计中，通常要求设计人员给出工艺物料流程图（简称 PFD，即 Process Flow Diagram）和带控制点的管道仪表流程图（简称 PID，Piping and Instrumentation Diagram），两者都称为流程图，但两种流程图既有相同之处，又有所区别，前者有物流走向和组成、工艺条件、主要设备等，而后者则包括管线系统、检测、控制和报警系统等，两者在设计中的作用是不相同的。

在化工原理实验中，实验报告则要求给出带控制点的实验装置流程示意图。如图 1-3、图 1-4 实验装置流程示意图，由图可知，带控制点的实验装置流程图通常由三部分内容组成：

（1）画出主体设备和附属设备（仪器）示意图；

（2）用标有物流方向的连线（通常指管路）将各设备连接起来；

（3）在相应设备、管路上标注出检测点和控制点。

检测点用代表物理变量的符号加上“I”表示，如用“PI”表示压力检测点，“TI”表示温度检测点，“FI”表示流量检测点。

控制点则用代表物理量的符号加上“C”表示。

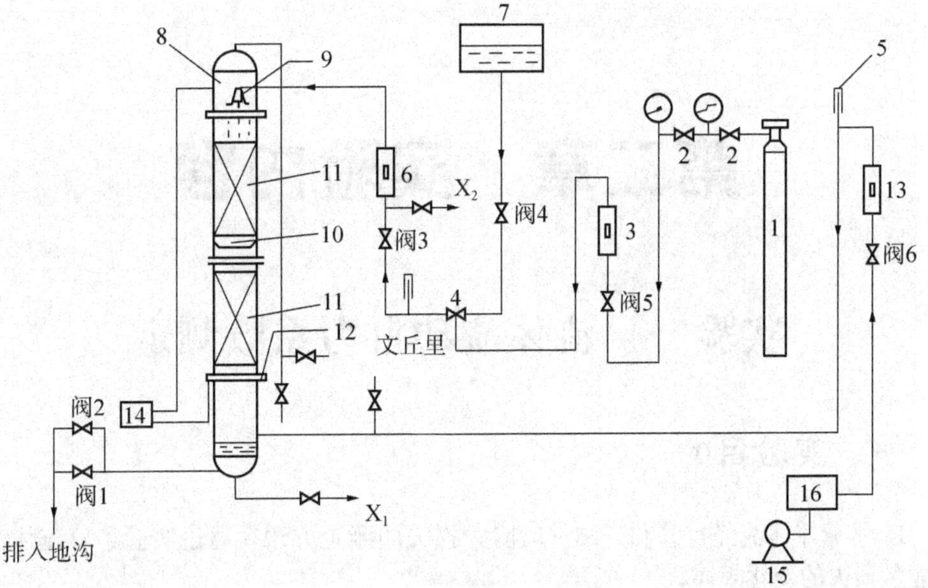

图 1-3　解吸装置流程示意图

1—二氧化碳钢瓶；2—二氧化碳减压阀；3—二氧化碳流量计；4—气液混合器；5—温度计；6—水流量计；7—高位水塔；8—塔体；9—液体喷淋头；10—液体再分布器；11—填料；12—气体取压均压环；13—空气流量计；14—差压传感器；15—风机；16—空气缓冲罐

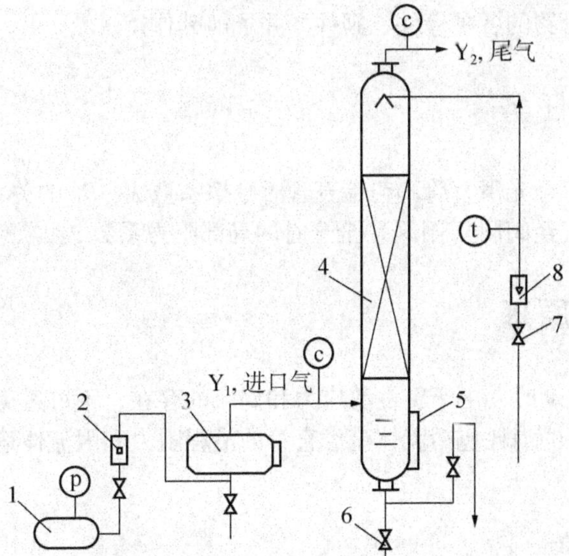

图 1-4　吸收实验流程示意图

1—空压机；2—气体流量计；3—贮槽；4—填料塔；5—液位计；6—排污阀；7—吸收剂阀；8—液体流量计

第二章　实验内容

实验一　流体流动阻力系数测定

一、实验目的

1. 掌握流体流经直管和管阀件时阻力损失的测定方法，通过实验了解流体流动中能量损失的变化规律；

2. 测定直管摩擦系数 λ 与雷诺准数 Re 的关系，将所得的 λ—Re 方程与公认经验关系比较；

3. 测定流体流经闸阀等管件时的局部阻力系数 ξ；

4. 学会压差计和流量计的使用方法；

5. 观察组成管路的各种管件、阀件，并了解其作用。

二、实验任务

1. 测定流体流经光滑直管和粗糙直管时摩擦系数 λ—Re 的关系；

2. 测定流体流经阀门（闸阀）全开时的局部阻力系数 ξ。

三、基本原理

流体在管内流动时，由于粘性剪应力和涡流的存在，不可避免地要消耗一定的机械能，这种机械能的消耗包括流体流经直管的沿程阻力和因流体运动方向改变所引起的局部阻力。

1. 沿程阻力

流体在水平均匀的管道中稳定流动时，阻力损失表现为压力降低。即

$$h_f = \frac{p_1 - p_2}{\rho} = \frac{\Delta p}{\rho} \tag{2-1-1a}$$

或

$$\frac{h_f}{g}=\frac{p_1-p_2}{g\rho}=\frac{\Delta p}{g\rho}=\Delta R \tag{2-1-1b}$$

影响阻力损失的因素很多，尤其对湍流流体，目前尚不能完全用理论方法求解，必须通过实验研究其规律。为了减少实验工作量，使实验结果具有普遍意义，必须采用因次分析法将各变量综合成准数关联式。根据因次分析法，影响阻力损失的因素有：

（1）流体性质：密度 ρ，粘度 μ；

（2）管路的几何尺寸：管径 d，管长 l，管壁粗糙度 ε；

（3）流动条件：流速 u。

可表示为：

$$\Delta p=f(d,l,\mu,\rho,u,\varepsilon) \tag{2-1-2}$$

组合成如下的无因次式：

$$\frac{\Delta p}{\rho u^2}=\varphi(\frac{du\rho}{\mu},\frac{l}{d},\frac{\varepsilon}{d}) \tag{2-1-3}$$

$$\frac{\Delta p}{\rho}=\varphi(\frac{du\rho}{\mu},\frac{\varepsilon}{d})\cdot\frac{l}{d}\cdot\frac{u^2}{2} \tag{2-1-4}$$

令

$$\lambda=\varphi(\frac{du\rho}{\mu}\cdot\frac{\varepsilon}{d}) \tag{2-1-5}$$

则

$$h_f=\frac{\Delta p}{\rho}=\lambda\frac{l}{d}\frac{u^2}{2} \tag{2-1-6}$$

式中：

Δp ——压降，Pa；

h_f——直管阻力损失，J/kg；

ρ——流体密度，kg/m^3；

l——直管长度，m；

d ——直管内径，m；

u——流体流速，由实验测定，m/s；

λ——直管摩擦系数：滞流（层流）时，$\lambda=64/Re$；湍流时 λ 是雷诺准数 Re 和相对粗糙度的函数，须由实验确定。

2. 局部阻力

局部阻力通常有两种表示方法，即当量长度法和阻力系数法。

（1）当量长度法。流体流过某管件或阀门时，因局部阻力造成的损失，相当于流体流过与其具有相当管径长度的直管阻力损失，这个直管长度称为当量长度，用符号 l_e 表示。这样，就可以用直管阻力的公式来计算局部阻力损失，而且在管路计算时可将管路中的直管长度与管件、阀门的当量长度合并在一起计算，如管路中直管长度为各种局部阻力的当量长度之和为 $\sum l_e$，则流体在管路中流动时的总阻力损失 $\sum h_f$ 为

$$\sum h_f = \lambda \frac{l + \sum l_e}{d} \frac{u^2}{2} \tag{2-1-7}$$

（2）阻力系数法。流体通过某一管件或阀门时的阻力损失用流体在管路的动能系数来表示，这种计算局部阻力的方法称为阻力系数法。即：

$$h'_f = \xi \frac{u^2}{2} \tag{2-1-8}$$

式中：

ξ——局部阻力系数，无因次；

u——在小截面管中流体的平均流速，m/s。

由于管件两侧距测压孔间的直管长度很短，引起的摩擦阻力与局部阻力相比可以忽略不计，因此 h_f 之值可根据柏努利方程由压差计读数求取。

四、实验装置与流程

1. 管道阻力实验装置和流程

管道阻力实验装置和流程如图 2-1-1、图 2-1-2 所示。实验装置主要部分由储水箱，不同管径、材质的管子，各种阀门或管件，涡轮流量计、压差计等组成。第一根为不锈钢管，其上装有待测管件（闸阀），用于局部阻力的测定。第二根为不锈钢管，第三根为镀锌铁管，分别用于光滑管和粗糙管湍流流体流动阻力的测定。

本实验的介质为水，由储水箱经离心泵供给，流经实验装置后的水通过管道流回储水箱循环使用。

水流量用装在测试装置管的涡轮流量计测量，并在控制台上的仪表上读数。直管段和管件的阻力分别用各自的倒 U 形压差计测量。

2. 实验装置的结构尺寸

实验装置的结构尺寸如表 2-1-1 所示。

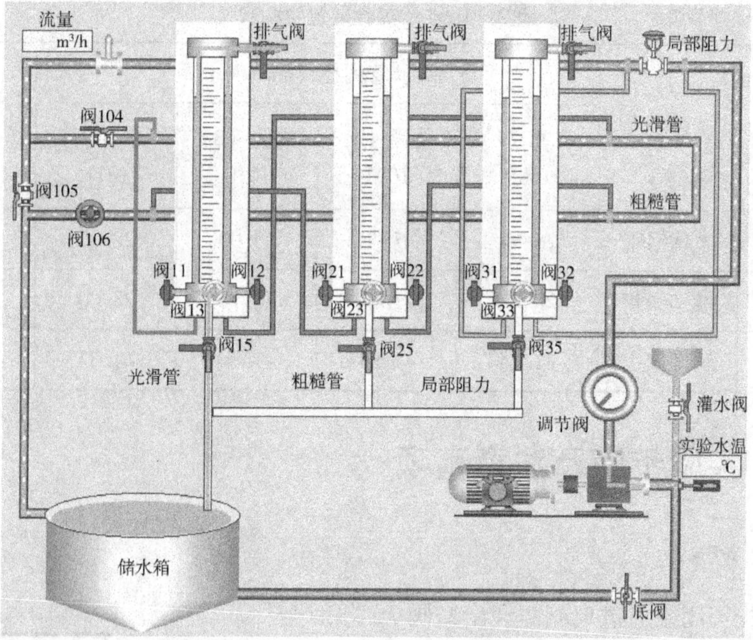

图 2－1－1　管道阻力实验装置图

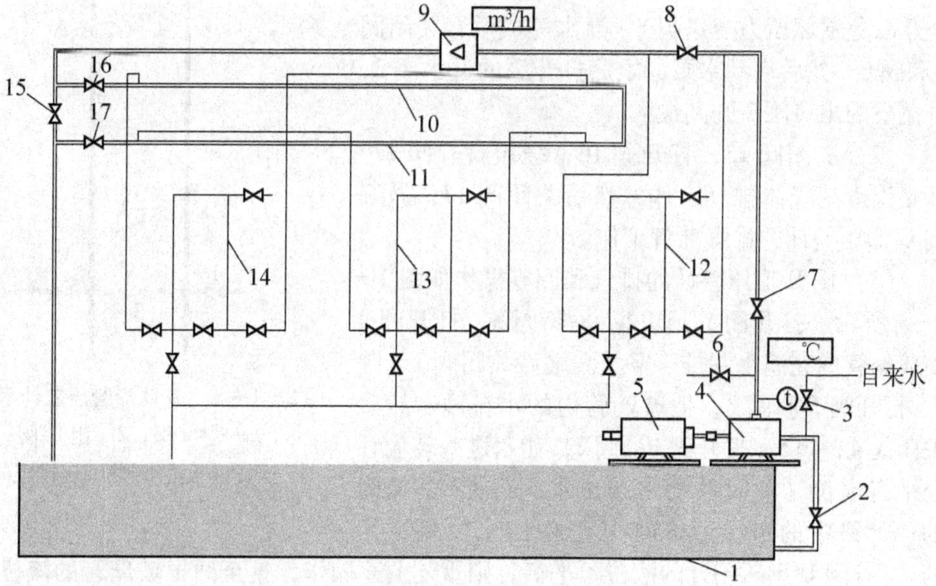

图 2－1－2　管道阻力实验装置简图

1—贮水箱；2—进口阀；3—灌水阀；4—离心泵；5—电机；6—排气阀；7—出口阀；8—闸阀；9—涡轮流量计；10—光滑管；11—粗糙管；12，13，14—倒 U 形管差压计（简称倒 U 形压差计）；15—球阀；16—截止阀；17—流量调节阀

表2-1-1　实验装置结构尺寸

名称	材质	管内径（mm）				测试段长度（m）
		装置（1）1008	装置（2）1009	装置（3）1010	装置（4）1011	
光滑管	不锈钢管	26.94	27.40	28.00	28.05	1.5
粗糙管	镀锌铁管	28.22	27.97	28.14	28.00	1.5
局部阻力	闸阀	41.84	41.84	41.84	41.84	

五、实验步骤及注意事项

实验步骤

（1）先关闭泵的进口阀2和出口阀7，然后全开排气阀6，打开阀3对水泵进行灌水（注意：由于灌水阀连接自来水，此阀只能部分打开，不能全开以免损坏压力变送器）。灌水完成后，关闭阀3和阀6，然后启动水泵，之后打开泵的进水阀2，再把泵的出口阀7开到最大。

（2）关闭阀15，打开阀16，缓缓打开阀17，开始管道的气体排气工作，然后关闭阀17，做好倒U形压差计的排气准备工作。

（3）倒U形压差计的排气和调零操作如图2-1-3所示。打开阀1、阀2，关闭阀3，打开阀4使玻璃管内充满水并排净空气。之后关闭阀1、阀2，打开阀5和阀3，把玻璃管内的水排净。然后关闭阀4、阀5，打开阀1、阀2，让水进入玻璃管至平衡水位（此时系统中的出水阀门17是关闭的，管路中的水在静止时U形中的水位是平衡的）。若倒U形压差计的液位不平衡，则重复上述操作，直至两根玻璃管的液位高度平衡为止。当3支倒U形压差计排气和调零工作完成后（此时3支倒U形压差计玻璃管的液位高度基本一致），关闭平衡阀门3。

图2-1-3　倒U形管压差计示意图

1—进口阀；2—出口阀；3—连通阀；4—排水阀；5—排气阀

（4）完成上述工作后即可开始实验。只要调节流量调节阀17就可得到一系列

λ—Re 的实验点数据，通过实验数据处理，可绘出 λ—Re 曲线。

（5）缓缓打开出水阀门 17，调节好一个流量，待水稳定后，正确测取压差计和流量等有关参数。然后再通过控制阀门 17 改变不同流量，正确读取不同流量下的压差计的进出口压力和流量等有关参数，并做好记录。

（6）根据本装置特点，应考虑好实验点的分布和测量次数。实验结束后，关闭离心泵阀门、仪表开关和电源，并将装置中的水排放干净，关闭所有的阀门。

（7）整理好实验数据用 CE2000 软件对实验数据进行处理，确定实验结果是否正确。

注意事项

与本实验无关的阀门、仪表不得乱动。

六、实验记录表和数据结果表

设备编号：______；光滑管径：______；管长：______；粗糙管径：______；管长：______；平均水温：______。

表 2-1-2　管道阻力测定实验数据记录表

序号	光滑管（mm H_2O）			粗糙管（mm H_2O）			闸阀（mm H_2O）			流量（m^3/h）	水温（℃）
	进口	出口	差值	进口	出口	差值	进口	出口	差值		

表 2-1-3　管道阻力曲线测定数据结果表

序号	光滑管						粗糙管						闸阀	
	Q (m^3/h)	Δh (m)	ρ	μ	λ	Re	Q (m^3/h)	Δh (m)	ρ	μ	λ	Re	Δh (m)	ξ

七、实验报告

（1）根据光滑管和粗糙管实验数据结果，在双对数坐标纸上标绘出 λ—Re 曲线；

（2）根据光滑管实验结果，对照柏拉修斯方程，计算其误差；

（3）根据局部阻力实验结果，求出闸阀全开时的平均 ξ 值；

（4）对实验结果进行分析和讨论。

八、思考题

1. 对实验装置做排气工作时，是否一定要关闭流程尾部的流量调节阀17？为什么？

2. 如何检验系统内的空气是否已经被排除干净？

3. 以水做介质所测得的 λ—Re 关系能否适用于其他流体？如何应用？

4. 在不同设备（包括不同管径）、不同水温下测定的 λ—Re 数据能否关联在同一条曲线上？

5. 如果测压口、孔边缘有毛刺或安装不垂直，对静压的测量有何影响？

实验二　离心泵特性曲线测定

一、实验目的

1. 了解离心泵结构与特性；
2. 掌握离心泵特性曲线的测定方法；
3. 熟悉离心泵的操作方法和特性曲线的应用。

二、实验任务

测定离心泵在指定转速（2900 r/min）下的特性曲线。

三、基本原理

泵是输送液体的常用机械，必须懂得正确地选择和使用。在选用一台水泵时，既要有满足一定工艺要求的流量、压头，还要有较高的工作效率。要正确地选择和使用离心泵，就必须掌握离心泵的流量（Q）变化时，泵的压头（H）、功率（N）、效率（η）以及允许吸上真空度（H_s）的变化规律，即一定转速下的特性曲线：

压头—流量曲线（H—Q 曲线）；

功率—流量曲线（N—Q 曲线）；

效率—流量曲线（η—Q 曲线）；

允许吸上真空度—流量曲线（H_s—Q 曲线）。

由离心泵的特性曲线可知，H—Q 曲线可预测在一定的管路系统中离心泵的实际流量的大小，判断其能否满足要求；N—Q 曲线可预测离心泵在某一流量下运行时消耗的能量多少，以确定配置合适的动力设备；η—Q 曲线可以预测离心泵在某一流量下运行时效率的高低，使该泵能够在适宜的条件下运行，以发挥其最高效率；H_s—Q 曲线可以通过计算确定水泵的安装高度。

因此，离心泵的特性曲线是选择和使用离心泵的重要依据之一，其特性曲线是在恒定转速下泵的扬程 H、轴功率 N 及效率 η 与泵的流量 Q 之间的关系曲线，它是流体在泵内流动规律的外部表现形式。由于流体在泵的内部流动情况复杂，不能用数学方法计算这一特性曲线，只能依靠实验测定。

1. 扬程 H 的测定与计算

在泵进、出口处取截面列柏努利方程：

$$H = \frac{p_2 - p_1}{\rho g} + Z_2 - Z_1 + \frac{u_2^2 - u_1^2}{2g} \tag{2-2-1}$$

式中：

p_1，p_2——分别为泵进、出口处的压强，N/m^2；

ρ——流体密度，kg/m^3；

u_1，u_2——分别为泵进、出口处的流速，m/s；

g——重力加速度，m/s^2。

当泵进、出口管口径一样，且压力表和真空表安装在同一高度时，上式简化为

$$H = \frac{p'_2 - p'_1}{\rho g} \tag{2-2-2}$$

由上式可知：只要直接读出真空表和压力表上的数值，就可以计算出泵的扬程。

2. 轴功率 N 的测量与计算

泵的轴功率可按下式计算：

$$N = M\omega = M\frac{2\pi n}{60} = 9.81PL\frac{2\pi n}{60} \tag{2-2-3}$$

式中：

N——泵的轴功率，W；

M——泵的转矩，N·m；

ω——泵的旋转角速度，1/s；

n——泵的转速，r/min；

P——测功臂上所加砝码的质量，kg；

L——测功臂长，m，本实验 $L = 0.5168$m。

由上式可知：要测定泵的轴功率，需要同时测定泵轴的转矩 M 和转速 n。泵轴的转矩采用马达天平法测量，泵轴的转速由 XJP－20A 数值式转速表直接读出。

3. 效率 η 的计算

泵的效率 η 是泵的有效功率 N_e 与轴功率 N 的比值。有效功率 N_e 是单位时间内流体自泵得到的功，轴功率 N 是单位时间内泵从电机得到的功，两者差异反映了水力损失、容积损失和机械损失的大小。

泵的有效功率 N_e 可用下式计算：

$$N_e = HQ\rho g \tag{2-2-4}$$

故

$$\eta = \frac{N_e}{N} = \frac{HQ\rho g}{N} \tag{2-2-5}$$

4. 转速改变时的换算

泵的特性曲线是在指定转速下得到的，这就是说，在某一特性曲线上的一切实验点，其转速都是相同的。但是，实际上感应电动机在转矩改变时，其转速会有变化，这样随着流量的变化，多个实验点的转速将有差异。因此，在绘制特性曲线之前须将实测数据换算为指定转速下的数据。换算关系如下：

流量：
$$Q' = Q\frac{n'}{n} \tag{2-2-6}$$

扬程：
$$H' = H\left(\frac{n'}{n}\right)^2 \tag{2-2-7}$$

轴功率：
$$N' = N\left(\frac{n'}{n}\right)^3 \tag{2-2-8}$$

效率：
$$\eta' = \frac{Q'H'\rho g}{N'} = \frac{QH\rho g}{N} = \eta \tag{2-2-9}$$

四、实验装置与流程

离心泵性能特性曲线测定实验装置和流程如图 2－2－1、图 2－2－2 所示。

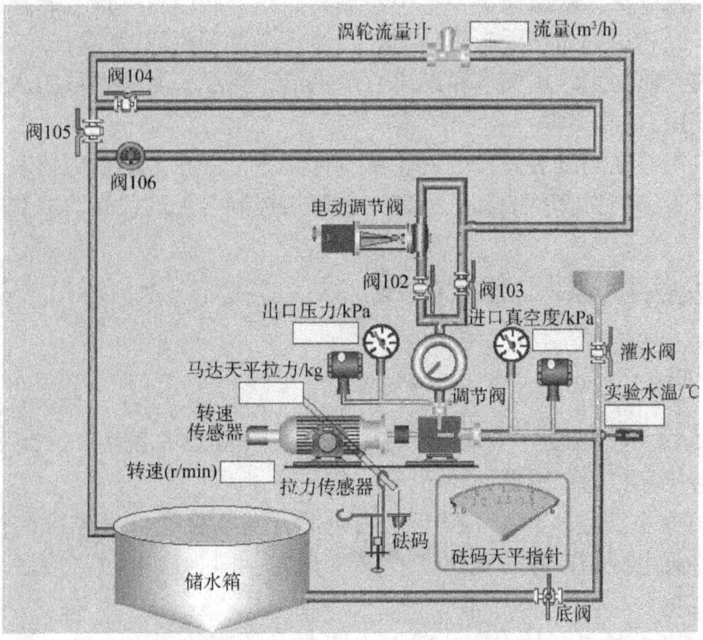

图 2－2－1　离心泵实验装置图

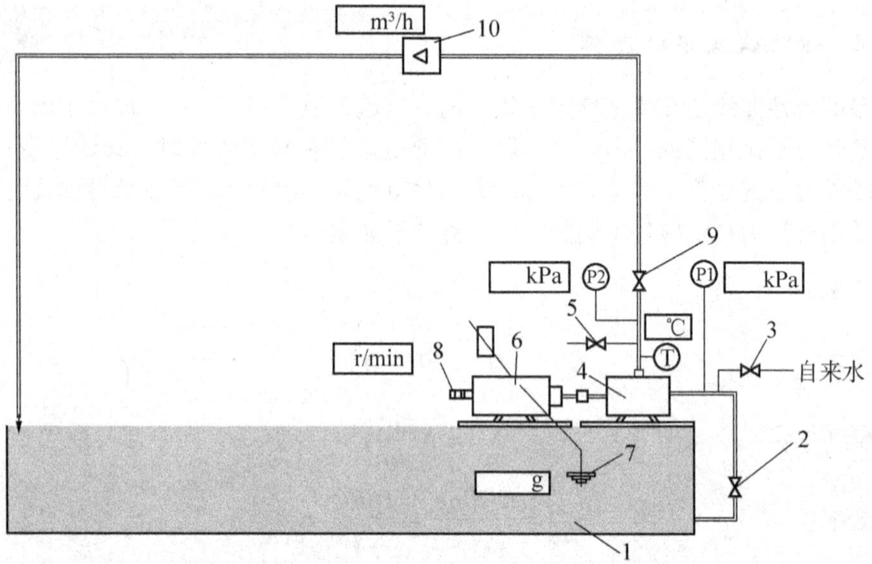

图2-2-2 离心泵实验装置简图

1—储水箱；2—进口阀；3—灌水阀；4—离心泵；5—排气阀；6—电机；7—马达天平；8—转速传感器；9—出口阀；10—涡轮流量计

离心泵实验装置主要由储水箱、不锈钢管、各种阀门或管件、涡轮流量计、真空表和压力表、测功用的马达天平测功器、转速传感器等组成。

本实验的介质为水，由储水箱经离心泵供给，流经实验装置后的水通过管道流回储水箱循环使用。

水的流量用装在测试装置管的涡轮流量计测量，并在控制台的仪表上读数。泵进出口的压强可直接读自真空表和压力表，也可从控制台上的仪表读取数据。

五、实验步骤及注意事项

实验步骤

（1）检查拉力传感器的挂绳有没有脱离水泵（如没有脱离，一定要让挂绳脱离水泵，否则会拉坏拉力传感器）。

（2）打开总电源空气开关，打开仪表电源开关，接通仪表电源；打开三相空气开关，把离心泵电源转换开关旋到“直接”位置，即为由电源直接启动，这时离心泵停止按钮灯亮。

（3）把测功的挂盘7挂在测功臂上，调节泵的测功天平，使之平衡，调平后必须把挂盘取下，否则当离心泵启动时会把挂盘摔下。

（4）关闭离心泵进口阀门 2 和出口阀 9，然后打开排气阀 5 和灌水阀 3，对水泵进行灌水（注意：灌水阀门要慢慢打开，且只能打开一定的程度，不要开的太大，否则会损坏压力传感器）。灌好水后关闭泵的灌水阀 3、排气阀 5。

（5）当一切准备就绪后，按下离心泵启动按钮，启动离心泵，这时离心泵启动按钮绿灯亮，开始进行离心泵实验。

（6）打开泵的进口阀 2，然后缓缓打开泵的出口阀 9（全开），这时流量达到最大值。

（7）实验：调节流量调节阀 9，可从流量最大做到最小，也可从流量为 0 做到最大，根据实验装置的测量范围，合理确定实验点。但是每改变一次流量必须要等流量稳定，往泵的电机力臂上加砝码，达到平衡时读出砝码的重量 P。在仪表台上读取电机转速 n，流量 V，水温 t，进口真空度 p_1 和出口压力 p_2 等一组数据并记录。本实验测得数据不少于 8 组记录数据。

（8）实验完毕时一定要先把挂盘取下，关闭水泵出口阀，再按下仪表台上的水泵停止按钮，停止水泵的运转。关闭总电源开关，记录泵的牌号规格。

（9）整理好实验数据，用 CE2000 软件对实验数据进行处理，确定实验结果是否正确。

注意事项

因本次实验不用拉力传感器，所以在实验开始前必须将拉力传感器的钩子取下，否则会损坏拉力传感器。

六、实验记录与结果表

设备编号：________，测功臂长：________，平均水温：________。

表 2-2-1　离心泵特性曲线测定实验数据记录表

序号	进口压强	出口压强	流量	砝码	转速	水温
	p_1（kPa）	p_2（kPa）	（m^3/h）	（g）	（r/min）	（℃）

表 2-2-2　离心泵特性曲线测定数据结果表

序号	Q (m^3/s)	H (m)	N (kW)	$n=2900$ (r/min)			
				Q' (m^3/s)	H' (m)	N' (kW)	η

七、实验报告

（1）在同一张坐标纸上描绘一定转速下的 $H—Q$、$N—Q$、$\eta—Q$ 曲线；

（2）分析实验结果，确定离心泵较适宜的工作范围。

八、思考题

1. 试根据所测实验数据进行分析，离心泵在启动时为什么要关闭出口阀门？

2. 启动离心泵之前为什么要灌水？如果泵灌水后，泵在启动后还不能送水（即无水流出），你认为可能的原因是什么？

3. 为什么用泵的出口阀门调节流量？这种方法有什么优缺点？是否还有其他方法调节流量？

4. 离心泵启动后，泵的出口阀门如果打不开，压力表读数是否会逐渐上升？为什么？

5. 正常工作的离心泵，在其进口管路上安装阀门是否合理？为什么？

6. 试分析用清水泵输送密度为 1 200 kg/m^3 的盐水（忽略粘度的影响），在相同流量下泵的压力是否变化？轴功率是否变化？

实验三　离心泵计算机数据采集与过程控制

一、实验目的

1. 了解计算机自动控制系统的控制和采集原理；
2. 了解自动控制在工业上的应用；
3. 学习计算机自动控制系统的使用方法。

二、实验任务

1. 测定离心泵在不同转速下的特性曲线；
2. 比较离心泵在不同转速下的特性曲线。

三、基本原理

（1）计算机数据采集。数据采集是由传感仪表、信号放大器、转换器和计算机等仪器仪表组成。首先是把工程中的某些物理量如压力、流量、转速、砝码重量和温度等参数用传感器采集，并把采集到的数据转换为直流电信号，这些电信号经过放大器转换为0～5V的直流电压信号，由数据线与A/D转换器连接，将直流电压再转化为数字量在仪表上显示出数据。其次是把仪表上的数字再次用A/D转换器转换，通过数据线输入到计算机的特定程序软件中，并将采集到的各物理量显示在实验装置流程界面中。若要保存这些数据，点击采集按钮，数据则保存到数据库中。按数据处理步骤，计算机则可得出实验结果并把数据列表和绘制出图形。

（2）信号加工放大器的作用一是将弱电信号转化为0～5V的直流电压，二是抑制干扰和降低噪音。

（3）A/D转换器。从信号加工放大器输入的0～5V的直流电信号通常称为模拟量，可用无限的数据来表示，如3.5281…（V），而计算机及其他数字处理这些模拟量，只能处理有限长度的量，则称为数字量。因此，必须将模拟量转化为数字量，此转换装置称为模/数转换器，又称为A/D转换器。而A/D转换器也可将数字量转化为模拟量。

（4）自动控制系统由被测系数、调节对象、自动调节器、传感器组成。根据被测对象的工艺条件确定给定值（在计算机软件内）由计算机通过通信接口传递给智能仪表。智能仪表对给定值与被测定值进行比较，当出现偏差时，自动改变调节阀的开度，调节其流量使被测定值与给定值的偏差在允许范围内为止。

四、实验装置

离心泵计算机数据采集与过程控制实验装置如图 2－3－1 所示。

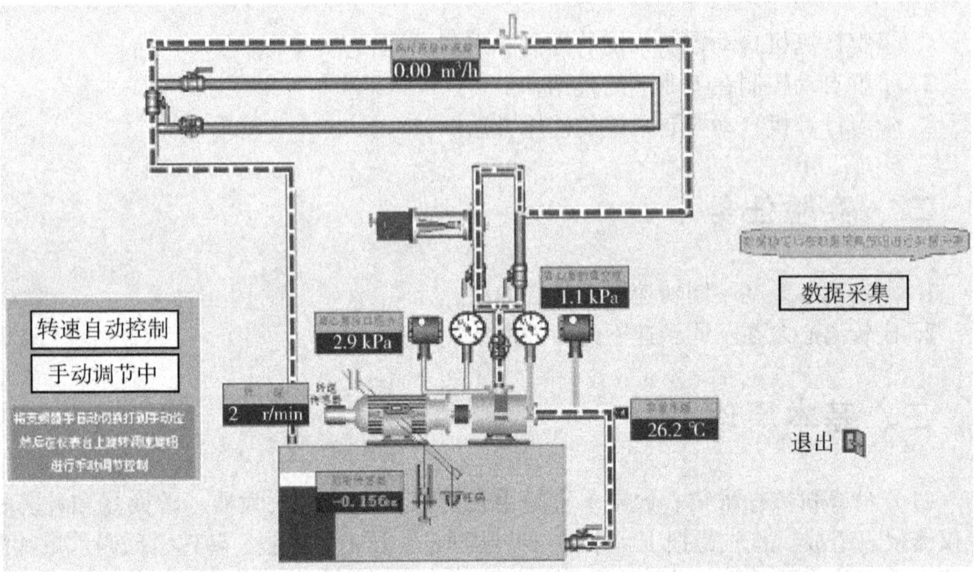

图 2－3－1　离心泵计算机数据采集与过程控制实验装置图

离心泵计算机数据采集与过程控制实验装置主要部分由储水箱、不锈钢管、各种阀门或管件、涡轮流量计、压力传感器、测功用的扭力传感器和计算机等组成。

本实验的介质为水，由储水箱经离心泵供给，流经实验装置后的水通过管道流回储水箱循环使用。

水的流量用装在测试装置管的涡轮流量计测量，离心泵进出口的压强通过压力传感器，离心泵的功率通过扭力传感器把数据传送到控制台上的仪表，然后与计算机连接，再由计算机控制并读取数据。

五、实验步骤及注意事项

实验步骤

（1）检查拉力传感器的挂绳有没有脱离水泵（如没有脱离，一定要让挂绳脱离水泵，否则会拉坏拉力传感器)。

（2）打开总电源空气开关，打开仪表电源开关，仪表接通电源；打开泵的三相空气开关，把离心泵电源转换开关旋到‘间接’位置，即由电源间接启动，这时离心泵停止按钮灯亮。

（3）关闭泵的进口阀和出口阀，然后打开排气阀和灌水阀对离心泵进行灌水（注意：灌水阀要慢慢打开，且只能打开一定的程度，不要开得太大，否则会损坏压力传感器）。灌好水后，关闭泵的排气阀、灌水阀。

（4）实验软件的开启：打开“离心泵性能特性曲线测定实验 .MCGS”组态软件，出现提示输入工程密码对话框，输入密码“1121”后进入组态环境，按 F5 键进入软件运行环境。按提示输入班级、姓名、学号、装置号后按“确定”进入“离心泵性能特性测定”实验软件界面，点击“恒定转速下的离心泵性能特性曲线测定”，进入实验界面。

（5）当一切准备就绪后，按下离心泵启动按钮启动离心泵，这时离心泵启动按钮绿灯亮，开始进行离心泵恒定转速下的实验。

（6）打开泵的进水阀和出水阀（全开)，这时流量达到最大值。

（7）进行流量调节：流量的调节是通过电动调节阀来完成。电动调节阀的控制在实验界面有仪表手动和自动两种控制选择，在软件界面设置有两种控制模式，点击手动或自动可互相转换。

①仪表手动调节：在仪表面板上进行，按照万迅仪表说明书第 20 页的操作方式将仪表调到手动操作模式，按上下键（^、v）进行调节，通过输出信号的增大或减小来控制调节阀开度的增大或减小，达到调节流量的目的。

②仪表自动调节：在“恒定转速下的离心泵性能特性曲线测定”实验界面中，单击“手动调节中”按钮则进入自动调节状态，直接单击设定输出按钮，输入数值（调节阀开度值）即可自动由调节阀控制流量。

（8）转速的调节：转速的调节是通过变频器改变电流频率来完成，根据实验转速要求，要控制好变频器的调节旋钮，保持转速基本不变。

（9）自动实验：打开电动调节阀前面的阀门，打开电动调节阀电源开关，给电动调节阀上电；在软件界面中单击“手动调节中”按钮，则进入自动调节状态并显示“自动调节中”，单击“设置输出”按钮，输入“100”，把调节阀开到最大。待流量稳定后，挂上圆盘，把拉力传感器的挂钩挂在电机力臂上，使力臂保持平衡。待测定数据稳定后，按下软件的“数据采集”按钮采集数据。改变设置输出的数据，采集不同流量下的数据。完成实验之后进行实验数据处理并打印实验结果。

（10）重复第 4 ～ 9 步测定其他转速下的数据。

（11）实验完毕，一定先把扭矩传感器的挂钩取下，让挂钩与力臂脱离，按下仪表台上的水泵停止按钮停止水泵的运转。关闭水泵出口阀，单击“退出实验”回到

“离心泵性能特性测定实验软件”界面，再单击“退出实验”按钮退出实验系统。

（12）关闭电源。

注意事项

扭矩传感仪在实验开始前要将钩子取下，在测取数据时再装上，在测取数据中不用取下，当测取完所有实验组数据后才取下。

六、实验报告

（1）在同一张坐标纸上描绘不同转速下的 $H—Q$、$N—Q$、$\eta—Q$ 曲线；

（2）分析实验结果，分析离心泵转速变化对 $H—Q$、$N—Q$、$\eta—Q$ 曲线的影响。

七、思考题

1. 试根据所测得的实验数据进行分析：不同转速下测定的离心泵特性曲线有哪些不同？

2. 在线数据采集实验中，离心泵的流量通过什么仪器来控制？

3. 计算机在化工生产过程中有哪些用途？

实验四　恒压过滤常数测定

一、实验目的

1. 熟悉板框压滤机的构造和操作方法；
2. 通过恒压过滤实验，验证过滤基本原理；
3. 学会测定过滤常数 K、q_e、τ_e 及压缩性指数 S 的方法；
4. 了解操作压力对过滤速率的影响；
5. 了解压力定值调节阀的工作原理和使用方法；
6. 学会化工原理实验软件库（VB 实验数据处理软件系统）的使用。

二、实验内容

1. 测定恒定压强过滤条件下的过滤常数；
2. 测定不同压强条件下的过滤常数和速率的关系。

三、基本原理

过滤是以某种多孔物质作为介质来处理悬浮乳液的操作。在外力的作用下，悬浮液中的液体通过介质的孔道而固体颗粒被截流下来，从而实现固液分离。因此，过滤操作本质上是流体在固体颗粒通过床层的流动，所不同的是这个固体颗粒层的厚度随着过滤过程的进行而不断增加，故在恒压过滤操作中，其过滤速率不断降低。

影响过滤速度的主要因素除压强差 Δp、滤饼厚度 L 外，还有滤饼和悬浮液的性质、悬浮液温度、过滤介质的阻力等，故可以应用流体力学的方法处理。

比较过滤过程与流体经过流动床的流动可知：过滤速度即为流体通过固定床的表观速度 u。同时，流体细小颗粒构成的滤饼空隙中的流动属于低雷诺数范围，因此可利用流体通过固定床压降的简化模型，寻求滤液量与时间的关系，应用层流时泊肃叶公式不难推导出过滤速度计算式：

$$u = \frac{1}{K'}\frac{\varepsilon^3}{a^2(1-\varepsilon)^2} \times \frac{\Delta p}{\mu L} \tag{2-4-1}$$

式中：

u ——过滤速度，m/s；

K'——康采尼常数，层流时，$K'=5.0$；

ε——床层的空隙率，m^3/m^3；

a——颗粒的比表面积，m^2/m^3；

Δp——过滤的压强差，Pa；

μ——滤液的粘度，Pa · s；

L——床层厚度，m。

由此可导出过滤基本方程式为：

$$\frac{dV}{d\tau} = \frac{A^2 \Delta p^{1-s}}{\mu r' v (V + V_e)} \tag{2-4-2}$$

式中：

V——滤液体积，m^3；

τ——过滤时间，s；

A——过滤面积；

s——滤饼压缩性指数，无因次，一般情况下 $s = 0 \sim 1$，对不可压缩滤饼 $s = 0$；

r——滤饼比阻，$1/m^2$：

$$r = \frac{5.0 a^2 (1 - \varepsilon)^2}{\varepsilon^3}$$

r'——单位压差下的比阻，$1/m^2$

$$r = r' \Delta p^s$$

v——滤饼体积与相应滤液体积之比，无因次；

V_e——虚拟滤液体积，m^3。

恒压过滤时，令 $k = 1/\mu r' v$，$K = 2k\Delta p^{1-s}$，$q = V/A$，$q_e = V_e/A$

对上式积分可得

$$(q + q_e)^2 = K(\tau + \tau_e) \tag{2-4-3}$$

式中：

q——单位过滤面积的滤液体积，m^3/m^2；

q_e——单位过滤面积的虚拟滤液体积，m^3/m^2；

τ_e——虚拟过滤时间，s；

K——滤饼常数，由物料特性及过滤压差所决定，m^2/s；

K，q_e，τ_e 三者总称为过滤常数。利用恒压过滤方程进行计算时，必须首先需要知道 K，q_e，τ_e，它们只有通过实验才能确定。

对式（2-4-3）微分可得：

$$2(q + q_e)dq = Kd\tau \tag{2-4-4}$$

$$\frac{d\tau}{dq} = \frac{2}{K}q + \frac{2}{K}q_e \tag{2-4-5}$$

式（2-4-5）表明以 $d\tau/dq$ 为纵坐标，以 q 为横坐标作图可得一直线，直线斜

率为 $2/K$，截距为 $2q_e/K$。在实验测定中，为便于计算，可用 $\Delta\tau/\Delta q$ 替代 $d\tau/dq$，把上式改写成：

$$\frac{\Delta\tau}{\Delta q}=\frac{2}{K}q+\frac{2}{K}q_e \qquad (2-4-6)$$

在恒压条件下，用秒表和量筒分别测定一系列时间间隔 $\Delta\tau_i$（$i=1, 2, 3, \cdots$）及对应的滤液体积 ΔV_i（$i=1, 2, 3, \cdots$），由此算出一系列 $\Delta\tau_i$，Δq_i，q_i，在直角坐标系中绘制 $\Delta\tau/\Delta q \sim q$ 的函数关系，得一直线。由直线的斜率便可求出 K 和 q_e，再根据 $\tau_e=q_e^2/K$，求出 τ_e。

改变实验所用的过滤压差 Δp 可测得不同的 K 值，由 K 的定义式两边取对数得：

$$\lg K=(1-s)\lg(\Delta p)+\lg(2k) \qquad (2-4-7)$$

在实验压差范围内，若 k 为常数，则 $\lg K \sim \lg(\Delta p)$ 的关系在直角坐标上应是一条直线，直线的斜率为 $1-s$，可得滤饼压缩性指数 s，由截距可得物料特性常数 k。

四、实验装置与流程

恒压过滤常数的测定实验装置与流程示意图，如图 2-4-1、图 2-4-2 所示。

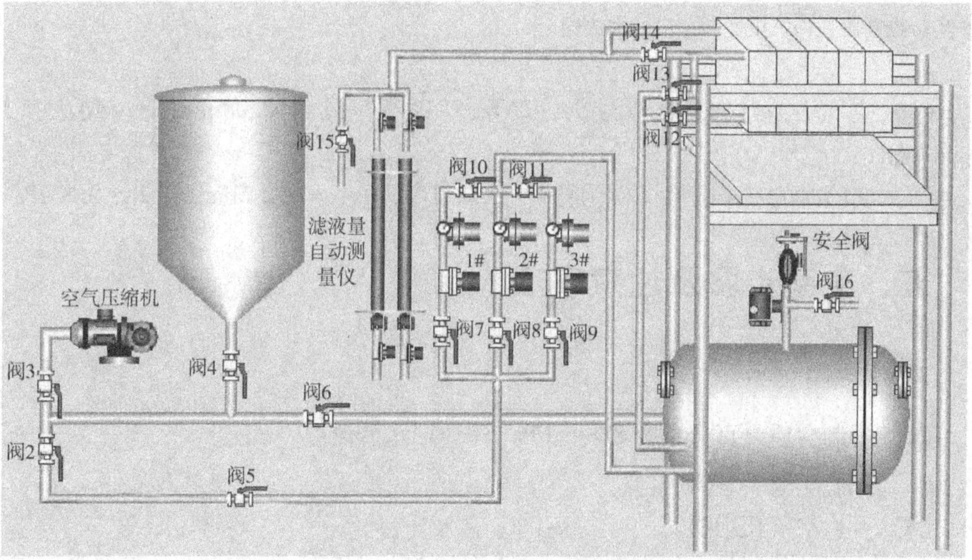

图 2-4-1　恒压过滤实验装置图

（1）板框过滤机的结构尺寸如下：框厚度 25mm，每个框过滤面积 $0.024m^2$，框数 2 个。

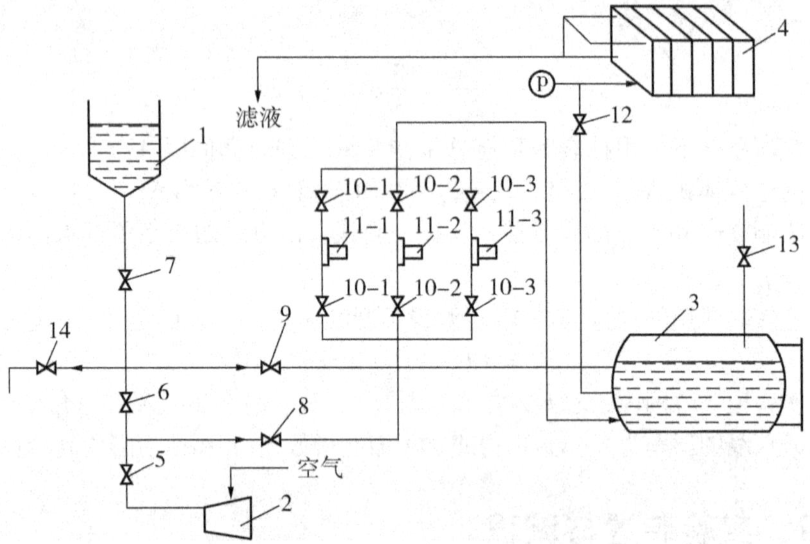

图2-4-2 恒压过滤实验装置简图

1—配料槽；2—空气压缩机；3—压力储槽；4—板框压滤机；5—空压机出口阀；6—进配料槽气阀；7— 配料槽阀；8—进实验系统气阀；9—物料进储槽阀；10—连通阀；11—压力定值调节阀；12—实验控制阀；13—排气阀；14—排放阀

（2）空气压缩机规格型号为：2VS—0.08/7，风量 0.08m^3/min，最大气压为0.7MPa。

（3）实验时的三个压强条件为：0～0.1 MPa，0.1～0.2 MPa，0.2～0.3MPa。

五、实验步骤及注意事项

实验步骤

（1）配制含质量百分数为8%～13% $CaCO_3$ 水悬浮液。

（2）熟悉实验装置流程。

（3）开启空气压缩机。

（4）正确装好滤板、滤框及滤布。滤布使用前先用水浸湿。滤布要绑紧，不能起绉（用丝杆压紧时，千万不要把手压伤，先慢慢转动手轮使滤框合上，然后再压紧，但是不能用力太大以免弄坏设备）。

（5）全开阀5，打开阀6、阀7少许（以配料槽物料有少量翻滚为宜，否则会把物料冲出），将压缩空气通入配料槽，使 $CaCO_3$ 悬浮液搅拌均匀。然后关闭阀6 和阀7。

（6）打开压力料槽排气阀13，全开阀7、阀9，使料浆由配料桶流入压力料槽至示镜的2/3处，再关闭阀7、阀9，并关小阀13，使之有少量气体排出达到搅拌作用。

（7）打开阀8，然后打开阀10－1，并调节阀13使之有少量气体排出达到搅拌作用。调节阀11－1使实验压强在0～0.1MPa之间后，开始做过滤实验。全开阀12，当滤液从汇集管刚好流出时作为开始时刻，同时进行接液和记录时间，每次的ΔV为800mL左右，记录相应的过滤时间$\Delta \tau$。要熟练双秒表轮流读数的方法。在用量筒交替收集滤液时要连续接液，不能使滤液流失，等量筒内滤液静止后读出并记录ΔV值和$\Delta \tau$值。每个实验条件测取8组数据即可停止实验。

（8）做完一个条件后都要卸下滤饼，清洗滤布、滤框及滤板，然后重复上述操作。关闭阀10－1，打开阀10－2并调节阀11－2；或关闭阀10－2，打开阀10－3并调节阀11－3，做其他压力条件的过滤实验。

（9）实验完毕用小压力，小量打开阀9、阀7将压力料槽剩余的悬浮液压回配料桶，然后关闭阀7、阀9。

（10）打开排气阀13卸除压力料槽内的压力，然后卸下滤饼，清洗滤布、滤框及滤板。

（11）关闭空气压缩机电源、总电源开关，搞好设备和场地的卫生。

（12）整理好实验数据，用广东工业大学化工原理软件对实验数据进行处理，确定实验结果是否正确。

注意事项

1. 在进行搅拌物料和把物料压回物料槽时，其管路中的阀门都不能开得太大，否则鼓泡很大，物料槽中的物料会喷出。

2. 滤饼、滤液要全部回收到配料槽，不能倒入水沟。

六、实验记录与结果表

设备编号：__________，料浆名称：____________________________，滤布种类：________，滤框个数：________，过滤面积：________。

表 2-4-1 过滤常数测定实验数据记录表

序号	过滤压强		过滤压强		过滤压强	
	滤液量	过滤时间	滤液量	过滤时间	滤液量	过滤时间
	V（mL）	τ（s）	V（mL）	τ（s）	V（mL）	τ（s）

表 2-4-2 过滤常数测定数据结果表

序号	过滤压强 1				过滤压强 2				过滤压强 3			
	q (m^3/m^2)	Δq (m^3/m^2)	$\Delta\tau$ (s)	$\Delta\tau/\Delta q$ (s/m)	q (m^3/m^2)	Δq (m^3/m^2)	$\Delta\tau$ (s)	$\Delta\tau/\Delta q$ (s/m)	q (m^3/m^2)	Δq (m^3/m^2)	$\Delta\tau$ (s)	$\Delta\tau/\Delta q$ (s/m)
K（m^2/s）												
q_e（m^3/m^2）												
τ_e（s）												

七、实验报告

（1）根据恒压过滤实验数据作图，求出过滤常数 K，q_e，τ_e；

（2）求出不同条件下的过滤方程式；

（3）在直角坐标纸上绘制 $\lg K$—$\lg \Delta p$ 关系曲线，求出 s 及 k；

（4）比较几种压力下的 K，q_e，τ_e 值，讨论压力变化对以上参数数值的影响。

八、思考题

1. 当操作压强增加一倍，其 K 值是否也增加一倍？要得到同样的过滤液，其过滤时间是否缩短了一半？

2. 影响过滤速率的主要因素有哪些？

3. 滤浆浓度和操作压强对过滤常数 K 值有何影响？

4. 为什么过滤开始时，滤液常常有点浑浊，而过一段时间后才变清？

5. 若要做滤饼洗涤，管线应怎样安排？需增加什么设备？

实验五　对流传热系数测定

一、实验目的

1. 观察水蒸气在水平管外壁上的冷凝现象；
2. 测定空气在圆型直管内强制对流给热系数；
3. 测定蒸汽在水平管外冷凝给热系数；
4. 学会热电偶测温方法。

二、实验任务

1. 测定空气在圆形光滑直管中作湍流流动时对流传热准数关联式；
2. 测定空气在螺旋槽管中作湍流流动时对流传热准数关联式。

三、基本原理

1. 准数关联式

影响对流传热的因素很多，根据因次分析得到的对流传热的准数关联式为：

$$Nu = CRe^m Pr^n Gr^l \qquad (2-5-1)$$

式中 C、m、n、l 为待定参数。参加传热的流体、流态及温度等不同，待定参数不同。目前，只能通过实验来确定特定范围的参数。本实验是测定空气在圆管作强制对流时的对流传热系数，因此可以忽略自然对流对传热膜系数的影响，则 Gr 为常数。在温度变化不太大的情况下，Pr 可视为常数。所以，准数关联式可写成

$$Nu = CRe^m \qquad (2-5-2)$$

或

$$\alpha = C\frac{\lambda}{d}Re^m \qquad (2-5-3)$$

待定参数 C 和 m 可以通过实验测定蒸汽、空气的有关数据后，再根据原理计算，然后在双对数坐标系中作图求出。

2. 传热量的计算

在套管换热器中，管环隙间通以水蒸气，内管管内通以空气，水蒸气冷凝放热以

加热空气。在传热过程达到稳定后，传递的热量用以下公式计算：

$$Q = V\rho C_P (t_2 - t_1) = \alpha_o S_o (T - T_w)_m = \alpha_i S_i (t_w - t)_m \quad (2-5-4)$$

根据热传递速率

$$Q = KS\Delta t_m \quad (2-5-5)$$

$$KS\Delta t_m = V\rho C_P (t_2 - t_1) \quad (2-5-6)$$

$$\Delta t_m = \frac{(T - t_1) - (T - t_2)}{\ln \dfrac{T - t_1}{T - t_2}} \quad (2-5-7)$$

式中：

Q——换热器的热负荷（即传热速率），kJ/s；

V——被加热流体体积流量，m^3/s；

K——换热器总传热系数，W/(m^2·℃)；

S_o，S_i——内管的外壁、内壁的传热面积，m^2；

ρ——被加热流体密度，kg/m^3；

Δt_m——水蒸气与内壁间的对数平均温差，℃；

C_P——被加热流体比热，kJ/(kg·℃)；

$(t_w - t)_m$——内壁与流体间的对数平均温度差，℃；

α_i、α_o——水蒸气对内管外壁的流量给热系数和流体对内管内壁的对流给热系数，W/(m^2·℃)；

t_2，t_1——被加热流体进、出口温度，℃；

T——蒸汽进、出口温度 T_1、T_2 的平均温度，℃。

3. 传热膜系数的计算

当传热面为平壁，或者当管壁厚度很薄时，总的传热阻力和传热分热阻力的关系为：

$$\frac{1}{K} = \frac{1}{\alpha_i} + \frac{b}{\lambda} + \frac{1}{\alpha_o} \quad (2-5-8)$$

由于内管材料为黄铜，其导热性能很好，即 λ 值很大，则可忽略管壁热传导热阻，于是：

$$\frac{1}{K} = \frac{1}{\alpha_i} + \frac{1}{\alpha_o} \quad (2-5-9)$$

蒸汽冷凝传热膜系数远远大于空气传热膜系数，即 $\alpha_o \gg \alpha_i$，则 $K \approx \alpha_i$。因此，只要在实验中测得冷、热流体的温度及空气的流体的流量，即可通过热量衡算及传热速率方程，求出套管换热器的总传热系数 K 值，由此求得空气传热膜系数。

若能测得被加热流体的 V、t_2、t_1，已知内管的换热面积 S_o 或 S_i，以及水蒸气温

度 T，管壁温度 T_{w1}、T_{w2}，即可计算实测的水蒸气（平均）冷凝给热系数和实测的流体在管内的（平均）冷凝给热系数 α_i 。

4. 努塞尔准数和雷诺准数的计算

$$Re = \frac{du\rho_1}{\mu} = \frac{dV\rho_1}{\frac{\pi}{4}d^2\mu} = \frac{V\rho_1}{\frac{\pi}{4}d\mu} \tag{2-5-10}$$

$$Nu = \frac{\alpha d}{\lambda} = \frac{Kd}{\lambda} = \frac{V\rho C_P(t_2 - t_1)d}{\lambda S\Delta t_m} \tag{2-5-11}$$

式中：

α——空气的给热系数，W/(m^2·℃)；

λ——定性温度下空气导热系数，W/(m^2·℃)；

ρ——定性温度下空气的密度，kg/m^3；

μ——定性温度下空气的粘度，N·s/m^2；

C_P——定性温度下的空气比热，kJ/(kg·℃)；

d——套管换热器的内管平均直径，m；

Δt_m——对数平均温差，℃。

由于热阻主要集中在空气一侧，本实验的传热面积 S 取管子的内表面较为合理，即：

$$S = \pi dl \tag{2-5-12}$$

5. 作图并求出准数关联式

用 Nu 和 Re 在双对数坐标纸上作图，然后在直线上取点，并取对数 $\lg Nu = m\lg Re + \lg C$，求出 m 和 C，并得出准数关联式，与流体在直管内强制对流时的给热系数的半经验式作比较：

湍流时：

$$\alpha_i = 0.023\frac{\lambda}{d_i}Re^{0.8}Pr^{0.4} \tag{2-5-13}$$

式中：

α_i——流体在直管内强制对流时的给热系数，W/(m^2·℃)；

λ——流体的导热系数，W/(m^2·℃)；

d_i——内管内径，m；

Re——流体在管内的雷诺数，无因次；

Pr——流体的普朗特数，无因次；

定性温度：均为流体的平均温度，即 $t=(t_1+t_2)/2$。

四、实验装置与流程

1. 实验装置

水蒸气—空气换热实验装置与流程如图 2-5-1、图 2-5-2 所示。

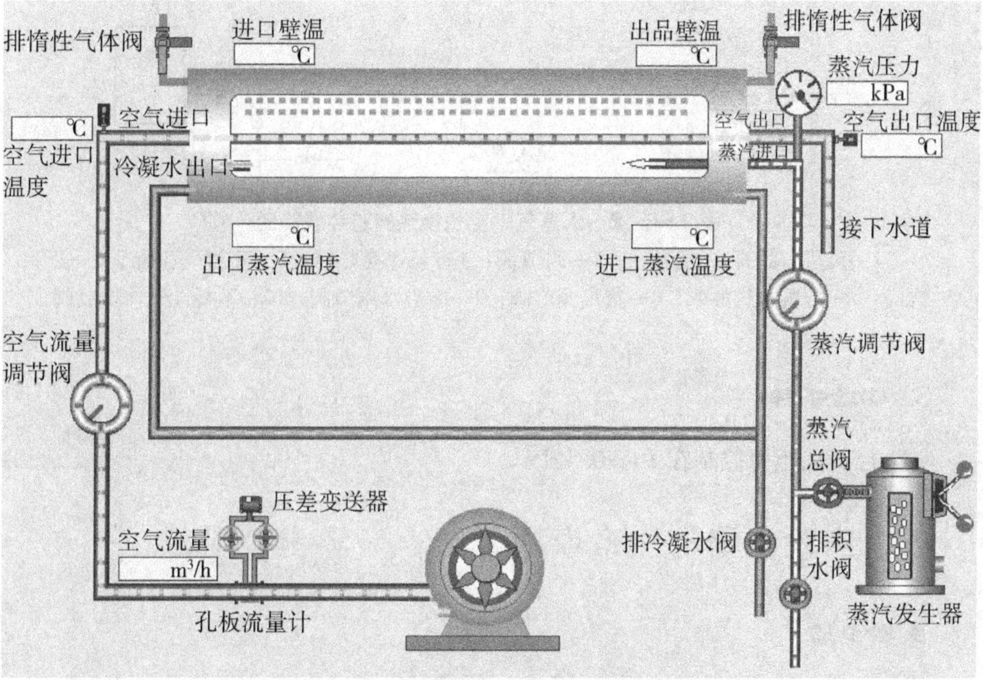

图 2-5-1　水蒸气—空气换热实验装置图

空气经涡轮流量计进入套管换热器内管（紫铜管），来自蒸汽发生器的水蒸气进入玻璃套管换热器（外管），在套管换热器内空气与蒸汽进行热交换，加热后的空气、冷凝水排入地沟（下水道）。

2. 设备与仪表规格

（1）光滑紫铜管规格：直径 $\phi 20\times 1.5$mm，长度 $L=1000$mm；

（2）螺旋紫铜管规格：直径 $\phi 17.8$mm，长度 $L=1000$mm；

（3）外套玻璃管规格：直径 ϕ112×6mm，长度 $L=1000$mm。

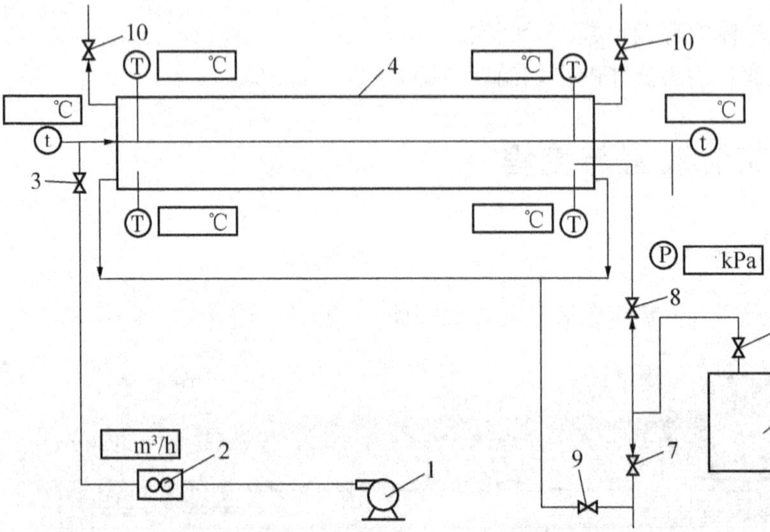

图2-5-2　水蒸气—空气换热实验装置简图

1—风机；2—孔板流量计；3—调节阀；4—套管换热器；5—蒸汽发生器；6—蒸汽阀；7—冷凝水排放阀；8—蒸汽调节阀；9—冷凝水调节阀；10—不凝性气体排放阀

3. 实验条件

实验台蒸汽压力控制在 10±0.5kPa。

五、实验步骤与注意事项

实验步骤

（1）打开总电源空气开关，打开仪表及巡检仪电源开关给仪表上电。

（2）开启变频器电源开关，起动风机后把风量调到最大。

（3）打开阀6，再打开阀7，排出蒸汽发生器到装置管段的冷凝水，直到有蒸汽排出后关闭阀7。

（4）对套管冷凝器预热。打开阀8，看到套管有蒸汽出来，然后关闭阀8，如此重复多次，使玻璃套管受热均匀。这一过程大概需要 15min。注意：蒸汽压力表的压力不能超过 0.025MPa，否则会引起玻璃套管爆裂的危险。

（5）当对套管冷凝器预热工作完成后，打开蒸汽进口阀8，把蒸汽压力调整在 0.01MPa 左右，实验时应与实验的压力条件 10.0±0.5kPa 对应（以仪表台的压力仪表数据为准)，因此要保持此蒸汽压力不变。打开阀9使套管的水排出（以有少量的气体排出为宜)。

(6) 调节冷流体流量（由仪表台的变频器调节开关或调节阀3)，改变冷流体的流量到一定值，等稳定后记录实验数值。改变流量，记录不同流量下的实验数值。

(7) 记录7～8组实验数据，完成实验，关闭蒸汽进口阀8，待套管温度降低后才能关闭风机开关，关闭仪表电源、巡检仪电源及关闭蒸汽发生器。

(8) 整理好实验数据，用化工原理软件对实验数据进行处理，确定实验结果是否正确。

注意事项

1. 必须在排除蒸汽管线上原先积存的冷凝水后，方可打开蒸汽阀门，使蒸汽通入套管换热器中。

2. 刚开始通入蒸汽时，要仔细检查蒸汽阀门的开度，使蒸汽徐徐流入换热器中。逐渐加热，由冷态转变为热态时不得少于20min，以防止玻璃管因突然受热、受压而爆裂。

3. 操作过程中，蒸汽压力一般控制在0.025MPa（表压）以下，否则可能造成玻璃管爆裂和填料损坏。

4. 测定各参数时，必须保持在稳定传热状态下。应随时注意惰性气体的排放和压力表读数的调整。每组数据应重复2～3次，以确认数据的再现性、可靠性。

六、实验记录与结果表

设备编号：__________，管型：________，管长：________，蒸汽压强：____。

表2-5-1　对流传热系数测定实验数据记录表

序号	流量 (m^3/h)	空气进口温度 t_1 (℃)	空气出口温度 t_2 (℃)	蒸汽进口温度 T_1 (℃)	蒸汽出口温度 T_2 (℃)	外壁进口温度 T_{w1} (℃)	外壁出口温度 T_{w2} (℃)

表2-5-2 对流传热系数测定数据结果表

No.	V (m^3/h)	t_m (℃)	λ W/($m^2\cdot$℃)	μ ($N\cdot s/m^2$)	ρ (kg/m^3)	Δt_m	α W/($m^2\cdot$℃)	K W/($m^2\cdot$℃)	Re	Nu

七、实验报告

（1）计算光滑管和螺旋槽管的空气传热膜系数，并列出计算示例；
（2）在双对数坐标纸上标绘光滑管和螺旋槽管的 Nu—Re 关联图线；
（3）计算准数关联式的待定参数 C、m；
（4）将实验结果整理成关联式；
（5）比较两种管型的结果，并得出结论。

八、思考题

1. 实验中冷流体和蒸汽的流向，对传热效果有何影响？
2. 蒸汽冷凝过程中，若存在不凝性气体，对传热有何影响？应采取什么措施？
3. 实验过程中，冷凝水不及时排走会产生什么影响？如何及时排走冷凝水？
4. 实验中，所测定的壁温是靠近蒸汽侧温度还是冷流体侧温度？为什么？
5. 如果采用不同压强的蒸汽进行实验，对 α 关联式有何影响？

实验六　筛板精馏塔理论板层数及塔效率的测定

一、实验目的

1. 了解精馏装置的基本流程及操作方法；
2. 掌握精馏塔全塔效率的测定方法；
3. 研究回流比、空塔速度等操作参数对精馏塔的影响。

二、实验内容

1. 测定指定条件下的全塔效率；
2. 研究回流比改变后对塔效率的影响；
3. 研究塔釜气化量改变对塔性能的影响。

三、基本原理

1. 理论塔板数 N_T 和总板效率 E_T 的测定

理论塔板是指离开该塔板的气液两相相互平衡的塔板。一个给定的精馏塔，其实际板数是一定的，则测出的理论塔板数与塔的总板效率的关系如下：

$$E_T = \frac{N_T - 1}{N_P} \times 100\% \tag{2-6-1}$$

式中：

E_T——总板效率；

N_T——理论塔板数；

N_P——实际板数。

影响 E_T 的因素很多，有操作因素、设备结构因素和物系因素等三类。某精馏塔在某回流比测得的全塔效率，只能代表该实验的全部条件同时存在时的全塔效率的值。如果精馏塔的结构因素固定、物系相同，则影响的因素主要是操作因素，而回流比的大小是操作因素中最重要的因素。

当回流比一定时理论塔板数的测定可用逐板计算法和图解法求出，通常采用图解法。其步骤如下：

（1）在直角坐标上绘出待分离混合液的 $x-y$ 平衡曲线，并作出对角线。

（2）根据确定的回流比作精馏段操作线，方程式如下：

$$y_{n+1} = \frac{R}{R+1}x_n + \frac{x_D}{R+1} \qquad (2-6-2)$$

式中：

y_{n+1}——精馏段内第 $n+1$ 块板上升蒸汽中易挥发组分的组成（摩尔分率）；

x_n——精馏段内第 n 块板下降的液体易挥发组分的组成（摩尔分率）；

x_D——塔顶馏出液易挥发组分的组成（摩尔分率）；

R——回流比，

$$R = \frac{L}{D} \qquad (2-6-3)$$

L——精馏段内液体回流量，kmol/h，mol/s；

D——塔顶馏出液量，kmol/h，mol/s。

（3）由 q 线方程作出 q 线，q 线与精馏段操作线相交。q 线方程：

$$y = \frac{q}{q-1}x - \frac{x_F}{q-1} \qquad (2-6-4)$$

式中：

x_F——进料料液易挥发组分组成（摩尔分率）；

q——进料热状况参数，

$$q = \frac{\text{每千摩尔进料变成饱和蒸汽所需的热量}}{\text{进料的千摩尔潜热}}$$

对于泡点进料，$q=1$；冷液进料，$q>1$。

（4）由塔底产品浓度 X_w 作出点（X_w, x_w）以及精馏段操作线和 q 线的交点，此两点相连即为提馏段操作线。

（5）用作图法求出理论塔板数。

2. 操作因素对塔性能的影响

对精馏塔而言，所谓操作因素主要是回流比的选择、塔内空气速度、进料热状况等。

（1）回流比的影响：对于一个给定的塔，回流比的改变将会影响产品的浓度、产量、塔效率和加热蒸汽消耗量等。

适宜的回流比 R 应该在小于全回流而大于最小回流比的范围内，通过经济衡算且满足产品质量要求来决定。

（2）空塔速度的影响：

塔内蒸汽速度通常用空塔速度来表示。

$$u = \frac{V_s}{\frac{\pi}{4}d^2} \qquad (2-6-5)$$

式中：

u ——空塔速度，m/s；

V_s——塔内上升的蒸汽体积流量，m^3/s；

d ——塔径。

对于精馏段，$V=(R+1)D$。因此有

$$V_s = \frac{22.4(R+1)D}{3600}\frac{p_0 T}{pT_0} \tag{2-6-6}$$

式中：

V ——精馏段上升蒸汽量，kmol/h。

对于提馏段，$V' = V + (q-1)F$　(2-6-7)

$$V_s = \frac{22.4V'}{3600}\frac{p_0 T}{pT_0} \tag{2-6-8}$$

将式（2-6-7）代入式（2-6-8），得

$$V_s = \frac{22.4\left[(R+1)D+(q-1)F\right]}{3600}\frac{p_0 T}{pT_0} \tag{2-6-9}$$

式中：

V'——提馏段上升蒸汽量，kmol/h；

p_0——标准状况下的压强，atm；

T_0——标准状况下的温度，K；

p——操作压强，atm；

T——塔内气相的平均温度，K。

可见，即使塔径相同，精馏段和提馏段的蒸汽速度不一定相等。

空塔速度与精馏塔关系密切，适当选用较高的空塔速度不仅可以提高塔板效率，而且可以增大塔的生产能力。但是，如果速度过大，则会引起雾沫夹带，同时由于减少了气液两相接触时间，从而使塔板效率下降，甚至产生液泛而被迫停止运行。因此，要根据塔的结构及物料性质选择适当的空塔速度。

四、实验装置与流程

精馏实验装置及其流程如图2-6-1、图2-6-2、图2-6-3所示。

五、实验步骤与注意事项

实验步骤

（1）检查精馏塔釜是否有足够料液（约3/4时），对塔釜开始加热。

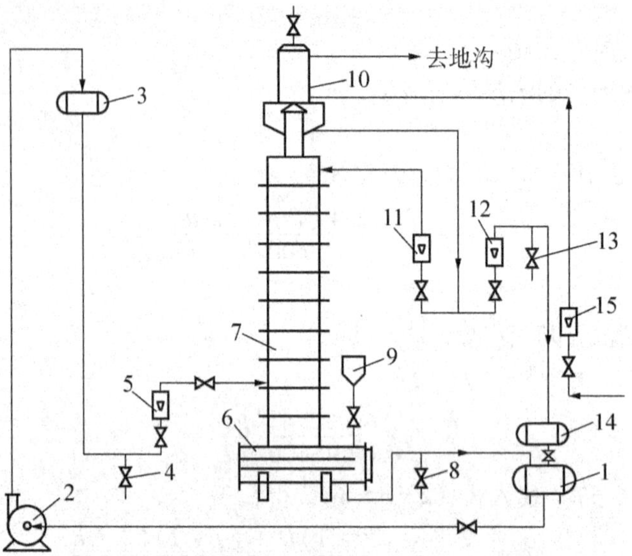

图2-6-1　精馏实验装置1简图（11块板）

1—原料储罐；2—进料泵；3—高位槽；4—进料取样阀；5—进料流量计；6—塔釜；7—筛板塔；8—塔釜液取样阀；9—加料斗；10—冷凝器；11—回流流量计；12—产品流量计；13—产品取样阀；14—产品储罐；15—水流量计

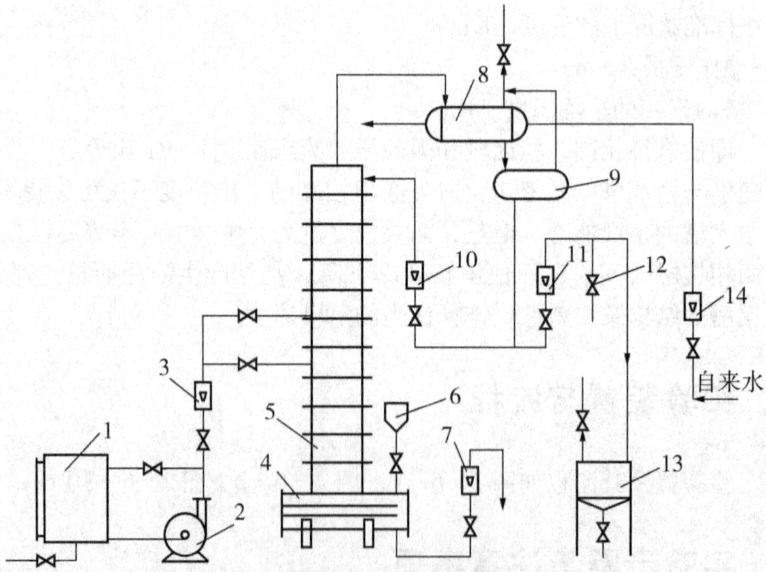

图2-6-2　精馏实验装置2简图（20块板）

1—原料储罐；2—进料泵；3—进料流量计；4—塔釜；5—筛板塔；6—加料斗；7—釜液流量计；8—冷凝器；9—中间储罐；10—回流流量计；11—产品流量计；12—产品取样阀；13—产品储罐；14—水流量计

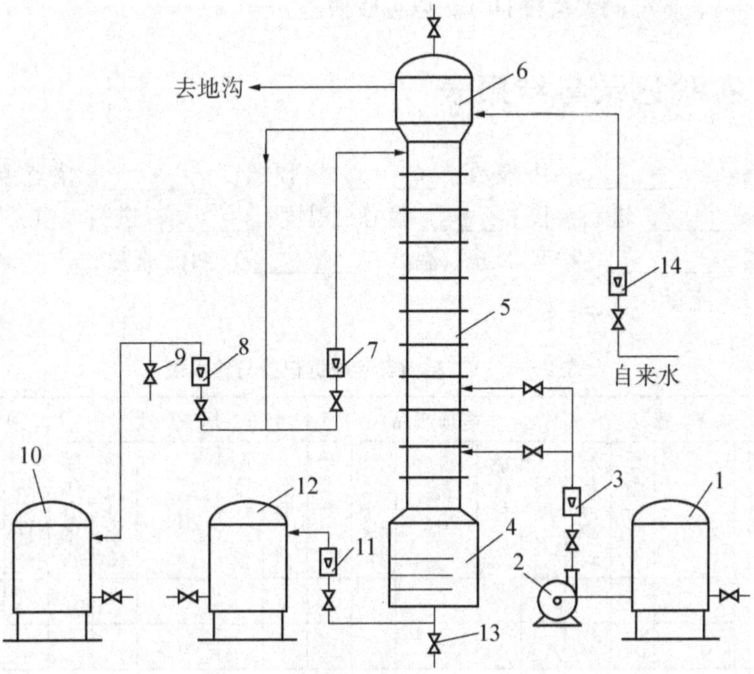

图 2-6-3　精馏实验装置 3 简图（20 块板）

1—原料储罐；2—进料泵；3—进料流量计；4—塔釜；5—筛板塔；6—冷凝器；7—回流流量计；8—产品流量计；9—产品取样阀；10—产品储罐；11—釜液流量计；12—釜液储罐；13—釜液取样阀；14—水流量计

（2）观察塔板温度，当塔板温度升高有变化时，打开冷却水阀向冷凝器供水。

（3）先在全回流状态下操作一段时间。当塔顶温度稳定后，开始进料并调节进料流量计和出料流量计，然后才调节回流流量，以确定回流比。

（4）调节塔釜残液排出量，使精馏塔釜内液面恒定。

（5）操作稳定后（精馏釜内蒸汽压力及塔顶温度不变）开始取样分析。注意塔顶、塔釜同时取样，取液量约 150mL。待样品冷却到室温后，用酒精计进行产品浓度分析。

（6）实验完毕后即停止加热，并关闭进料、出料和塔釜出料等阀。再待其运转一段时间后才关闭冷却水阀停止向冷凝器供水，不得过早停止，以免酒精损失。

注意事项

1. 打开加热电源前一定要检查塔釜中的物料是否达到塔釜液面的 3/4 位置，否则要对塔釜加料，不然会把塔釜的加热器烧坏。

2. 取样时，取样阀要缓慢打开，以免烫伤。

六、实验记录与结果表

设备编号：________，塔板数：______，塔顶温度：______，塔釜温度：____，回流温度：______，进料温度：______，塔板温度：______，进料流量：____，冷却水出口温度：________，冷却水进口温度：________，回流流量：____，产品流量：______，塔底流量：____。

表 2－6－1　精馏实验数据记录与结果表

序号	原料液					塔顶产品					塔釜液					回流		q值	全塔效率
	温度℃	酒度计示值	$V\%$（20℃）	质量分率%	摩尔分率 x_F	温度℃	酒度计示值	$V\%$（20℃）	质量分率%	摩尔分率 x_D	温度℃	酒度计示值	$V\%$（20℃）	质量分率%	摩尔分率 x_W	回流量	回流比		

七、思考题

1. 其他条件都不变，只改变回流比，对塔性能会产生什么影响？
2. 其他条件都不变，只改变釜内汽化量，对塔性能会产生什么影响？
3. 进料板位置是否可以任意选择？选择不当将会产生什么影响？
4. 为什么酒精精馏采用常压操作而不采用加压精馏或真空精馏？
5. 将本塔适当加高，是否可以得到无水酒精？为什么？

实验七　综合性实验——填料塔吸收与解吸总传质系数测定及在线分析

一、实验目的

1. 了解填料塔吸收和解吸装置的结构及流程；
2. 掌握气相和液相总传质系数和 H_{OL}、N_{OL} 的测定方法；
3. 了解空塔气速和液体喷淋密度对总传质系数的影响；
5. 了解气相色谱仪在线检测技术和色谱工作站的使用；
6. 了解 CO_2 气敏电极的使用方法；
7. 学会化工原理实验软件（VB 实验数据处理软件系统）的使用。

二、实验内容

1. 测定填料塔规定操作条件下的吸收和解吸总传质系数。

2. 综合 6 个条件的实验结果，分析不同操作条件（空气和水量改变）对吸收和解吸总传质系数的影响。

三、基本原理

气体吸收和解吸是典型的传质过程之一。由于 CO_2 气体无味、无毒、廉价，所以气体吸收实验常选择 CO_2 作为溶质组分。本实验采用水吸收空气中的 CO_2 组分。一般将配置的原料气中的 CO_2 浓度控制在 10% 以内，所以吸收的计算方法可按低浓度来处理。又 CO_2 在水中的溶解度很小，所以此体系 CO_2 气体的吸收过程属于液膜控制过程。因此，本实验主要测定 K_Xa 和 H_{OL}。

1. 计算公式

填料层高度 Z 为

$$Z = \int_0^Z \mathrm{d}Z = \frac{L}{K_X a \Omega} \int_{X_2}^{X_1} \frac{\mathrm{d}X}{X - X^*} = H_{OL} \times N_{OL} \qquad (2-7-1)$$

式中：

L——液体通过塔截面的摩尔流量，kmol / s；

$K_X a$——以 ΔX 为推动力的液相总体积传质系数，kmol / (m^3 · s)；

H_{OL}——液相总传质单元高度，m；

N_{OL}——液相总传质单元数，无因次；

Ω——塔截面积，m^2。

当气液平衡关系是直线时：$Y^* = mX + b$，液相总传质单元数 N_{OL} 为

$$N_{OL} = \frac{1}{1-A}\ln\left[(1-A)\frac{Y_1 - Y_2^*}{Y_1 - Y_1^*} + A\right] \tag{2-7-2}$$

式中：

A ——吸收因数，

$$A = \frac{L}{mV} \tag{2-7-3}$$

V ——塔内惰性气体的摩尔流量，kmol / s。

2. 测定方法

吸收实验：

（1）空气流量和水流量的测定：本实验采用转子流量计测得空气和水的流量，并根据实验条件（温度和压力）和有关公式换算成空气和水的摩尔流量。

（2）已知填料层高度 Z 和塔径 D；

（3）测定塔顶和塔底气相组成 Y_2 和 Y_1；

（4）平衡关系。

本实验的平衡关系可写成

$$Y^* = mX \tag{2-7-4}$$

式中：

m——相平衡常数，$m = E/p$；

E——亨利系数，$E = f(t)$，Pa，根据液相温度由附录查得；

p——总压（绝对压强），Pa。

对清水而言，$X_2 = 0$，由全塔物料衡算

$$V(Y_1 - Y_2) = L(X_1 - X_2) \tag{2-7-5}$$

可得 X_1。

解吸实验：

（1）空气流量和水流量的测定：

本实验采用转子流量计测得空气和水的流量，并根据实验条件（温度和压力）和有关公式换算成空气和水的摩尔流量。

（2）测定塔顶和塔底液相组成 X_2 和 X_1（用 CO_2 气敏电极分析仪分析）。

四、实验装置与流程

1. 实验装置与流程

吸收与解收实验装置如图2－7－1、图2－7－2所示。在吸收装置，水经流量计后送入填料塔塔顶经喷淋头喷淋在填料顶层。风机把空气送入稳定罐后和由二氧化碳钢瓶来的二氧化碳在管道混合后，经流量计再直接进入塔底，与水在塔内进行逆流接触，进行质量和热量的交换。由塔顶出来的尾气经阀门控制后放空，塔底液体则排入地沟。由于本实验为低浓度气体的吸收，所以热量交换可略，整个实验过程看成是等温操作。

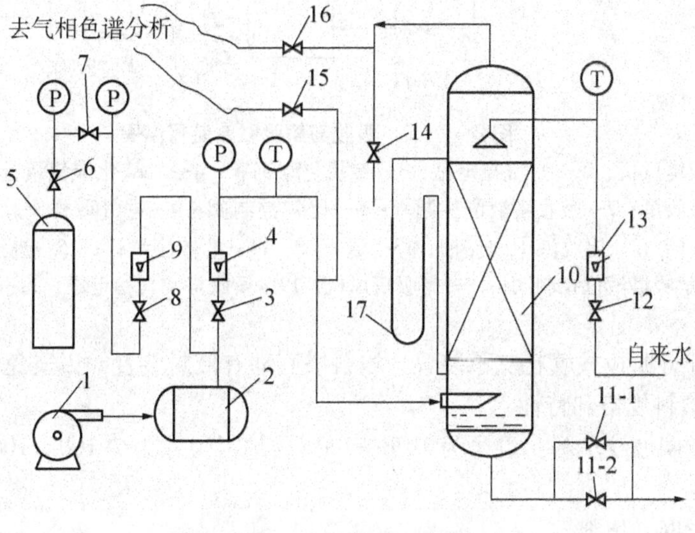

图2－7－1　吸收实验装置简图

1—风机；2—空气稳定罐；3—混合气体阀；4—混合气体流量计；5—二氧化碳钢瓶；6—二氧化碳钢瓶总阀；7—二氧化碳减压阀；8—二氧化碳控制阀；9—二氧化碳流量计；10—填料塔；11—液位控制阀；12—水控制阀；13—水流量计；14—塔顶排气控制阀；15—原料气取样阀；16—尾气取样阀

对吸收和解吸联合实验装置，吸收过程的实验操作是相同的，而解吸过程只是把吸收后的液体由泵送入解吸塔进行实验操作。

2. 主要设备

（1）吸收和解吸塔：高效填料塔，塔径100mm，塔内装有金属丝网波纹规整或乱堆填料，填料层总高度2000mm。塔顶有液体初始分布器，塔中部有液体再分布

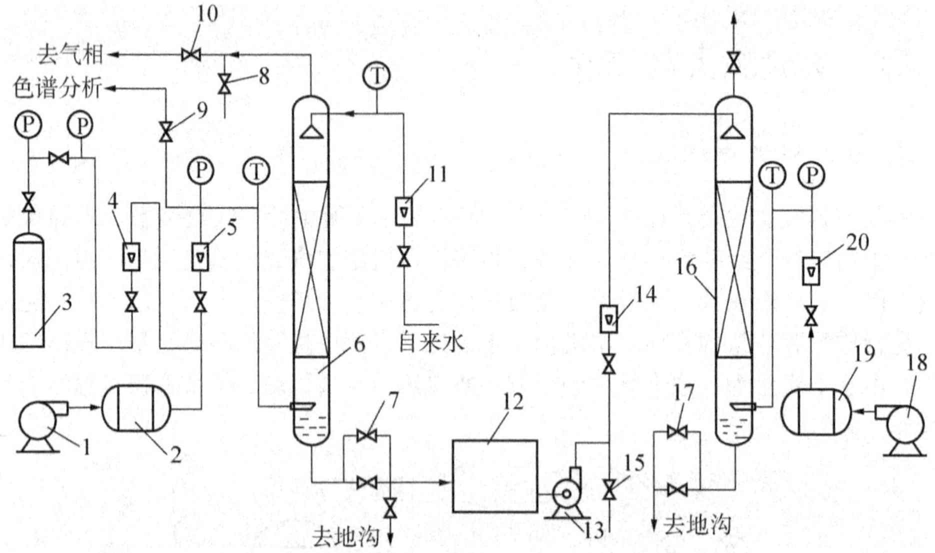

图 2-7-2　吸收与解吸联合装置简图

1—吸收塔风机；2— 空气稳定罐；3—二氧化碳钢瓶；4—二氧化碳流量计；5—混合气体流量计；6—吸收塔；7—吸收塔液位控制阀；8—尾气控制阀；9—进气取样阀；10—尾气取样阀；11—水流量计；12—吸收液中间储槽；13—送液泵；14—液体流量计；15—进液取样阀；16—解吸塔；17—解吸塔液位控制阀；18—解吸塔风机；19—解吸塔空气稳定罐；20—空气流量计

器，塔底部有栅板式填料支承装置。填料塔底部有液封装置，以避免气体泄漏。

（2）填料规格和特性：

金属丝网波纹填料：型号为 JWB—700Y，填料尺寸为ϕ 100 × 100mm，比表面积 700m^2/m^3。

金属丝网 θ 填料。

（3）转子流量计：

表 2-7-1

介质	条　件			
	最大流量	最小刻度	标定介质	标定条件
空气	1.6 ～ 16m^3/h	0.1 m^3/h	空气	20℃　1.0133 × 10^5Pa
CO_2	16 ～ 160 L/h	10 L/h	空气	20℃　1.0133 × 10^5Pa
水	100 ～ 1000L/h	20 L/h	水	20℃　1.0133 × 10^5Pa

（4）气相色谱仪和色谱工作站；

（5）二氧化碳气敏电极分析仪。

3. 实验条件表

表2-7-2 实验条件表

设备编号	空气流量（m^3/h）	水流量（L/h）	二氧化碳用量（L/h）
1	4.0	800	120
2	4.0	700	120
3	4.0	500	解吸
4	3.0	700	120
5	2.5	600	120
6	3.0	400	解吸

五、实验步骤与注意事项

实验步骤·吸收塔的操作

(1) 熟悉实验装置和流程，掌握气相色谱仪及其配套仪器结构、原理、使用方法及其注意事项。

(2) 打开装置上的仪表电源开关。

(3) 开启进水阀门，让水进入填料塔润湿填料，仔细调节转子流量计，使其流量稳定在某一实验值。

(4) 打开风机电源开关，仔细调节空气流量控制阀门的开度，使其流量稳定在某一实验值。

(5) 塔底液封控制：仔细调节阀门的开度，使塔底液位缓慢地在一段区间内变化，以免塔底液封过高溢满或过低而泄气。

(6) 打开 CO_2 钢瓶总阀，并缓慢调节钢瓶的减压阀（注意减压阀的开关方向与普通阀门的开关方向相反，顺时针为开，逆时针为关），使其压力稳定在0.1MPa压力范围。

(7) 调节 CO_2 调节转子流量计6的流量，使其稳定在某一值。

(8) 为使塔中的压力接近某一实验值（在0.005～0.01MPa范围内确定），要仔细调节尾气放空阀8的开度，直至塔中压力稳定在实验值。

(9) 待塔的操作条件稳定后（约15min），读取各流量计的读数及温度、压力并记录数据。此时应保持条件并用气相色谱分析进、出塔的气体浓度。

(10) 原料气和尾气分析：打开原料气或尾气的阀门，然后通过六通阀在线进样，利用气相色谱仪多次分析原料气、尾气的组成（取两组接近的数据，其误差应小于3%），并记录空气和 CO_2 的含量。

（11）实验完毕，关闭 CO_2 转子流量计，关闭风机的出口阀、水转子流量计，再关闭风机、水泵和仪表的电源开关，然后清理实验仪器和实验场地。

气相色谱条件：

进样器温度：65℃；

检测器温度：65℃；

色谱柱温度：60℃；

TCD 电流：100～130mA；

氢气流量：25mL/min；

氢气减压表压力：0.3MPa；

载气压力：0.3MPa。

气相色谱操作：

开机：先打开氢气钢瓶阀，然后调节氢气减压阀至 0.3MPa，待 2min 后再打开色谱电源开关，等柱温、检测器等温度达到设置的温度后打开 TCD 电源开关。打开色谱工作站，观察基线，平直以后就可进样色谱分析。

关机：先关 TCD 电源，再关主机电源，待温度降后才能关闭氢气钢瓶阀。

实验步骤·解吸塔的操作

（1）启动设备前必须先搞清流程，检查各阀门的正确位置。

（2）弄清二氧化碳气敏电极及其配套仪器结构、原理、使用方法及其注意事项。

（3）打开仪表电源开关。

（4）开启水泵，调节水流量，让水进入填料塔润湿填料。

（5）检查风机，若正常则启动风机按钮，调节空气流量，使流量在 $3\sim4m^3/h$ 的范围。

（6）塔底液封调整至某一高度（液封高度不能超过进气口），观察塔内气液流动状况。在操作过程中应随时注意调整液封高度，以免塔底液封过高满溢或过低而泄气。

（7）打开二氧化碳钢瓶总阀，并开至最大，调整减压阀（注意减压阀的开关方向与普通阀门的开关方向相反，顺时针为开，逆时针为关），使二氧化碳流量达到某一值，即能观察到有机玻璃制成的气液混合器有气泡进入就行，不能过量，否则会造成水流的不连续流动等不稳定现象，导致无法计量和进行正常的操作（该过程现在不用）。

（8）待塔的操作条件稳定后（约 15min），读取各温度计和流量计读数，并用三角锥瓶取进、出口的液体样品 150mL 待分析。

（9）用 CO_2 气敏电极分析仪分析进、出塔水的 CO_2 浓度。

（10）实验完毕，关闭阀门、仪表和电源，清理实验仪器和实验场地。

注意事项

1. 固定好操作点后，应随时注意调整以保持各量不变。

2. 在填料塔操作条件改变后，需要有较长的稳定时间，一定要等到稳定以后方能读取有关数据。

3. 由于 CO_2 在水中的溶解度很小，因此在分析组成时一定要仔细认真，这是做好本试验的关键。

4. 在做吸收和解吸联动实验时，两台设备的操作要密切配合。

二氧化碳液相浓度的分析方法——气敏电极分析法

1. 测试实验装置

（1）测试仪器：

pHS－3C 型酸度计；

502 型 CO_2 气敏电极；

501 型超级恒温槽；

电加热磁力搅拌器；

玻璃夹套杯；

50℃精密温度计。

（2）测试装置流程如图 2－7－3 所示。

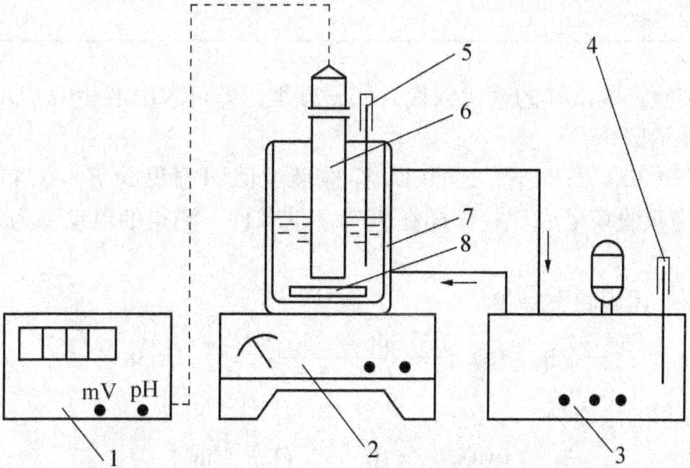

图 2－7－3　CO_2 气敏电极装置流程示意图

1—pHS－3C 型酸度计；2—电加热磁力搅拌器；3—超级恒温槽；4—接触温度计；5—精密温度计；6—气敏电极；7—玻璃夹套杯；8—搅拌棒

2. 试验方法

开动恒温水浴，将气敏电极置于玻璃夹套杯中，用去离子水在搅拌状态下反复清洗至电位超过450mV，用滤纸吸干电极套管外壳、膜外及杯中的水分。然后取50mL试液置于杯中，搅拌至试液温度稳定后，向杯中滴入2～3滴2mol/L的HCl溶液，等酸度计所显示毫伏数降至最低时，记下该数值。

倒去杯内试液，用去离子水清洗玻璃夹套杯和电极，至电极的毫伏数E超过450mV，并用滤纸吸干电极套管外壳及膜外的水分，再分析另一试液。

测量试样时，应尽量先分析低浓度样品，然后再分析高浓度样品，这样可以缩短电极的清洗时间。

3. 数据处理

（1）$E \sim \lg[CO_2]$的关系。

按上述实验方法，在每次实验前，由实验人员测定30℃时$NaHCO_3$标准液的毫伏数，并回归出$E \sim \lg[CO_2]$的关系，并存于吸收实验的数据处理程序中，供实验者使用。

由$E = -A\lg[CO_2] + B$进行计算。

表2-7-3

解吸塔	A	B
1	-45.1	227.9
2	-39.8	241.2

（2）将实验测取试样的毫伏数代入回归方程，即可求出液相中CO_2的浓度。

（3）计算示例。

例1 已知30℃条件下，$NaHCO_3$标准液的回归方程为$E = -45.5\lg[CO_2] + 230.5$。试问当吸收塔塔底液相试样在30℃相同条件下测得的电动势为346mV时，其浓度为多少？

解 代入上述回归方程得

$$\lg[CO_2] = \frac{346 - 230.5}{-45.5} = -2.538$$

则塔底液相的浓度为

$$[CO_2] = 10^{-2.538}\ (\text{kmol/m}^3)$$

每立方米溶液中溶质的摩尔数$= 10^{-2.538}$（kmol）。

每立方米溶液中水的摩尔数$= \frac{1000}{18} = 55.56$（kmol）。

则塔底液相的摩尔比为

$$X=\frac{溶质摩尔数}{溶剂摩尔数}=\frac{10^{-2.538}}{55.56}=5.21\times10^{-5}$$

六、实验记录与结果表

设备编号：______________，填料规格：______________，压强：________。

表2-7-4　吸收传质系数测定实验数据记录表

序号	空气（m^3/h）	CO_2（L/h）	水（L/h）	进塔 CO_2（体积百分数）	出塔 CO_2（体积百分数）	塔内压强差（Pa）	气温 T_1（℃）	液温 T_2（℃）	操作压强（MPa）
1									
2									
平均									
⋮									
⋮									
⋮									
⋮									

表2-7-5　解吸传质系数测定实验数据记录表

序号	空气流量（m^3/h）	水流量（L/h）	塔底对应的电位（mV）	塔顶对应的电位（mV）	气温 T_1（℃）	液温 T_2（℃）	塔内压强差（Pa）
1							
2							
平均							
⋮							
⋮							

表 2-7-6　吸收与解吸传质系数测定数据结果表

序号	Y_1	Y_2	X_1	X_2	V	L	H	P	K_Xa	N_{OL}	H_{OL}	φ_A

七、实验报告

（1）将不同条件的实验原始数据列表；
（2）计算总体积传质系数、传质单元高度、传质单元数和吸收率；
（3）列出各实验条件实验结果与计算示例；
（4）比较不同条件的结果并得出结论。

八、思考题

1. 本实验中，为什么塔底要有液封？液封高度如何计算？
2. 能否用高位槽水代替自来水？为什么？
3. 测定 K_xa 有什么工程意义？
4. 为什么二氧化碳吸收过程属于液膜控制？
5. 当气体温度和液体温度不同时，应用什么温度计算亨利系数？

实验八　计算机控制与在线数据采集综合性实验——干燥曲线与速率曲线的测定

一、实验目的

1. 熟悉常压厢式干燥器的构造和操作；
2. 测定在恒定操作条件（即热空气温度、湿度、流速不变）下的湿物料干燥速率曲线；
3. 测定该物料的临界湿含量 X_0；
4. 学会有关测量和控制仪器的使用方法；
5. 了解测控技术在化工中的应用。

二、实验内容

1. 测定物料在恒定干燥工况条件下的干燥曲线和速率曲线；
2. 研究风速对物料干燥曲线和速率曲线的影响；
3. 研究气流温度对物料干燥曲线和速率曲线的影响。

三、基本原理

1. 干燥速率

单位时间被干燥物料的单位表面上除去的水分量即干燥速率：

$$u = \frac{\mathrm{d}W}{A\mathrm{d}\tau} = -\frac{G_c\mathrm{d}X}{A\mathrm{d}\tau} \approx -\frac{G_c}{A}\left(\frac{\Delta X}{\Delta \tau}\right) \quad (2-8-1)$$

式中：

u——干燥速率，kg/(m^2·s)；

G_c——绝干物料的质量，kg；

X——湿物料的干基含水量，kg（水）/kg（绝干物料）；

A——干燥面积，m^2；

W——τ_i 时湿物料被汽化掉的水分量，kg/s，kg/h；

τ ——干燥时间，s。

湿物料和热空气接触时，被预热升温并开始干燥。在恒定干燥条件下，若水分在表面的汽化速率小于或等于从物料内层向表面层迁移的速率时，物料表面仍被水分完全润湿，干燥速率保持不变，称为等速干燥阶段或表面汽化控制阶段。

当物料的含水量降至临界湿含量以下时，物料表面仅部分润湿，且物料内部水分向表层的迁移速率又低于水分在物料表面的汽化速率时，干燥速率就不断下降，称为降速干燥阶段或内部扩散阶段。

2. 湿物料的干基含水量（X）

当物料干燥 i 时间时，其湿物料的干基含水量为

$$X_i = \frac{G_i - G_c}{G_c} \qquad (2-8-2)$$

与干燥速率相对应的湿物料平均干基含水量（X_m）应为：

$$X_{m(i,i+1)} = \frac{X_i + X_{i+1}}{2} = \frac{G_i + G_{i+1}}{2G_c} - 1 \qquad (2-8-3)$$

式中：

X_m——i，$i+1$ 时间的干燥速率下湿物料的平均干基含水量，kg（水）/kg（绝干物料）；

G_i，G_{i+1}——i，$i+1$ 时间的湿物料质量，kg。

四、实验装置与流程

1. 装置流程

实验装置如图 2－8－1、图 2－8－2 所示。放置在称重传感器上的湿纸板总量 85g

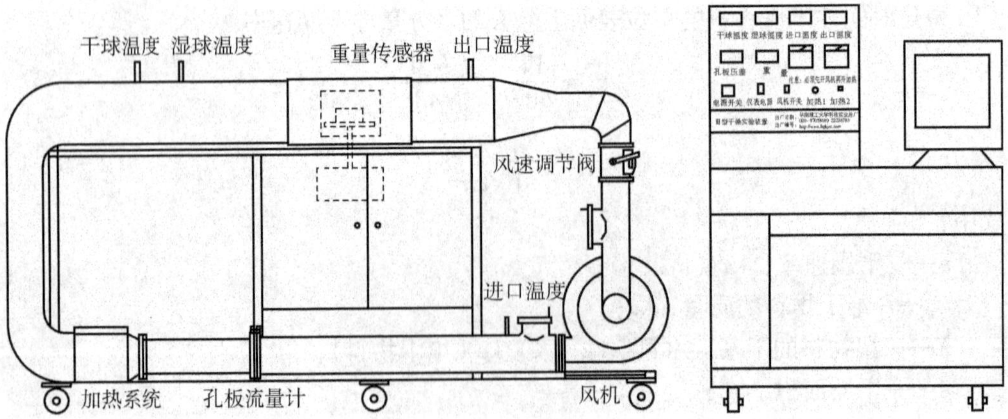

图 2－8－1　干燥装置流程图

左右。湿纸板通过固定在铜支架上的夹子固定，并放置在称重传感器上。由于称重传感器的量程只有0～200g，所以在放入支架的时候应非常小心，不能使支架转动，以防止过重而损坏称重传感器。空气用鼓风机送入电加热器，经加热的空气流入干燥室，加热干燥料盘中的湿物料后，经排出管道排入大气。随着干燥过程的进行，物料失去的水分量通过称重传感器和智能仪表显示出来。

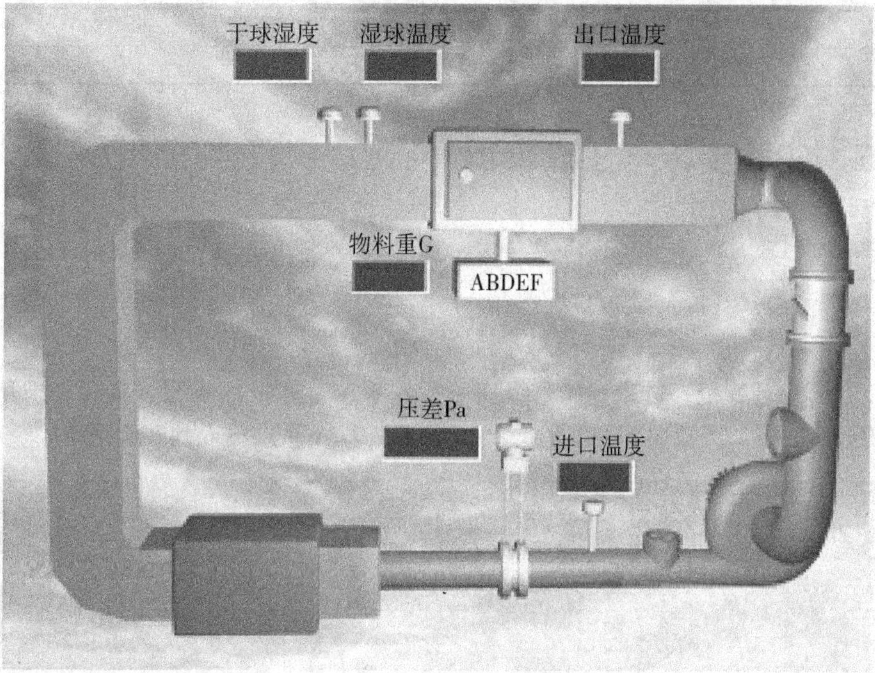

图2-8-2　干燥装置示意图

2. 主要设备及仪器

（1）风机；

（2）加热器：4kW，两根；

（3）干燥室：280mm×280mm×1250mm；

（4）称重传感器；

（5）孔板流量计；

（6）仪表控制台；

（7）计算机。

3. 实验条件

表2-8-1

设备序号	温度（℃）	空气压差（Pa）
1	65	450
2	60	500
3	65	500
4	60	450

五、实验步骤与注意事项

实验步骤

（1）开启仪表电源。

（2）开启风机。

（3）开启计算机，进入开始干燥实验操作系统，并根据步骤和提示，把所需要输入的原始数据如纸板面积、实验时间（设置为120min）输入到实验系统中。

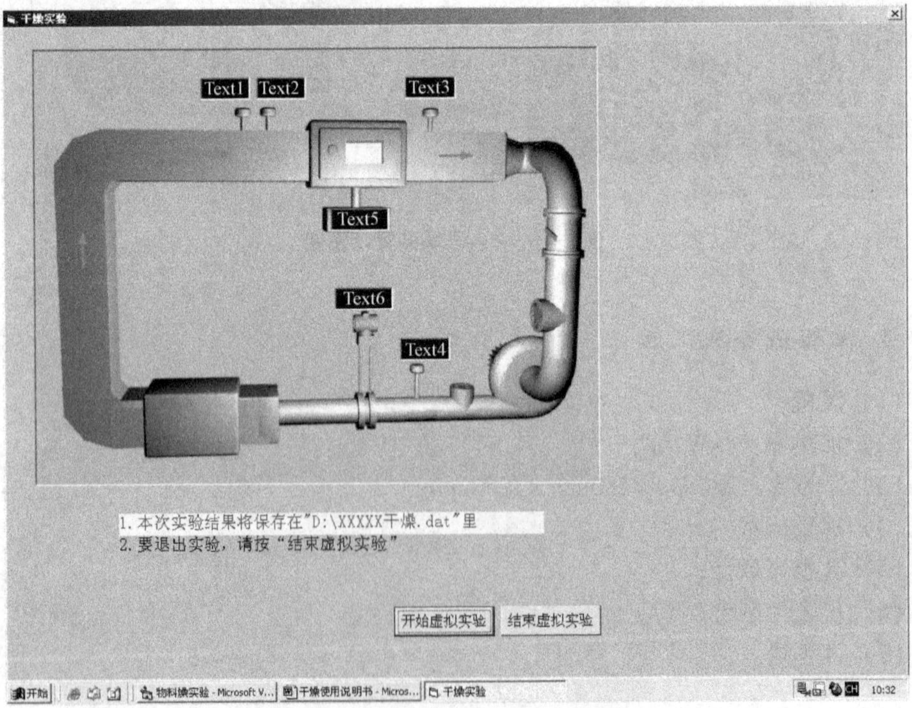

图2-8-3　实际实验截面示意图

（4）过一分钟后按启动电加热按钮进行加热（注意：必须开启风机后才能开加热器的电源，否则会把加热器烧坏）。其中一组电加热器的电压是固定不可调节的，另一组加热器的电压可通过手动调节旋钮调节电压数值以控制加热温度。

（5）开始加热时，可同时启动固定加热器和手动调节旋钮加热器进行快速加热，但当加热温度快达到实验温度时，关闭固定的加热器的电源，只用手动调节的一组加热器，通过手动旋钮调节电压以控制加热温度。

（6）先把纸板用水润湿，纸板润湿过程中必须使纸板中的水分均匀扩散至整个试样，然后称取湿纸板的重量。总重量不能超过85g。

（7）当加热温度稳定在设定温度时，把湿纸板放入干燥室中的试样架中。但是，在把湿纸板放入试样架之前，必须按绿色的电子天平复零键对电子天平复零，之后才把试样放入干燥室的试样架中（注意：把试样放入试样架时，必须一手扶住试样架，一手拿着试样慢慢放入，不能使试样架转动，以免损坏称量传感器）。

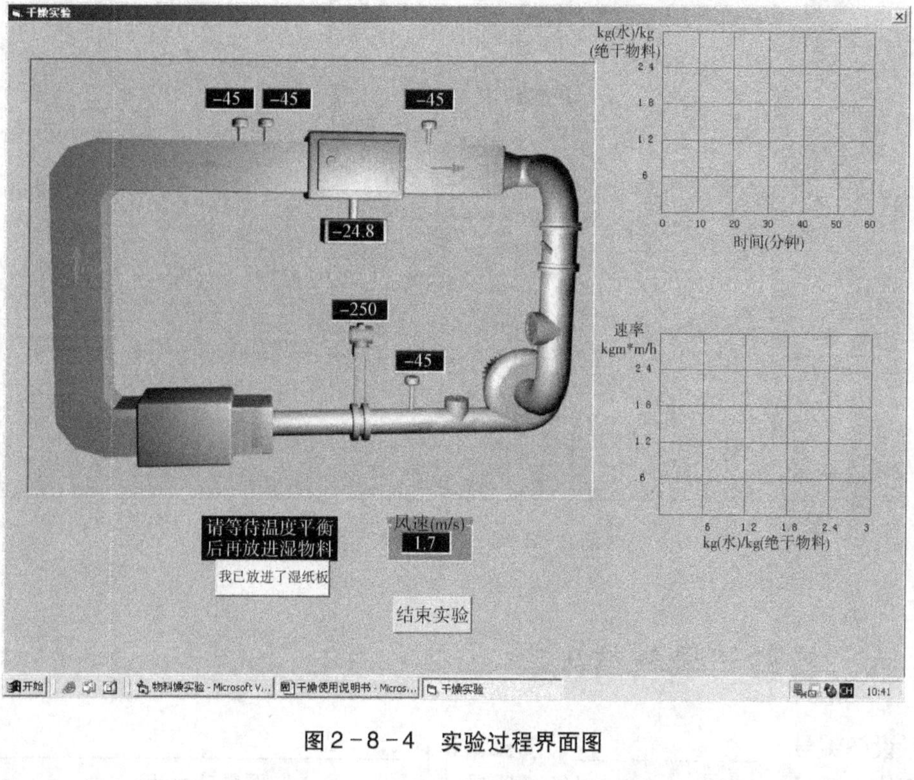

图2－8－4　实验过程界面图

（8）试样放入后，根据计算机操作程序提示进入实验准备状态。当试样重量达到某一整数时，开始记录第一组数据，然后每蒸发3g水量记录一次数据……如此重复，直到试样重量数据基本不变化为止。

(9) 实验完毕关闭电加热器的电源，15min 后才能关闭风机电源，关闭仪表电源。

(10) 进入计算机的 D 盘，根据自己的文件名把实验原始数据调出，并把原始数据记录到实验报告纸上。

注意事项

1. 把纸板放入支架时，一定要轻拿轻放，支架不能转动，以免损坏称重传感器。
2. 在启动电加热器之前一定要先开风机。

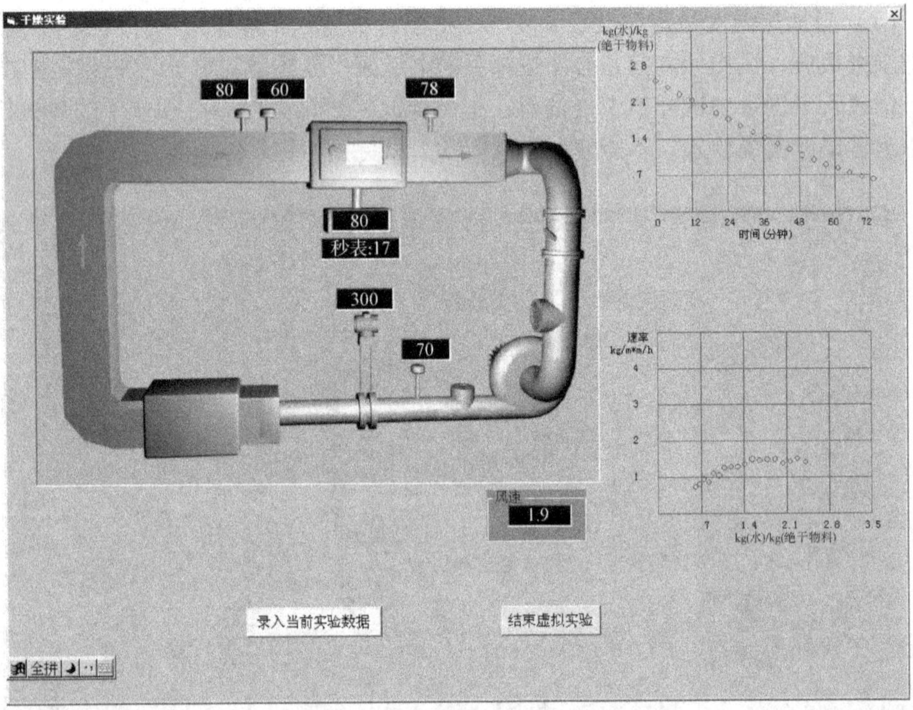

图 2-8-5　实验结束示意图

六、实验记录与结果表

设备编号：________，纸板规格：________________，纸板绝干质量：______，湿纸板质量：______，干燥表面积：______。

表2-8-2　干燥曲线和干燥速率曲线测定实验数据记录表

序号	砝码质量（g）	干燥时间（s）	干球温度 t_1（℃）	湿球温度 t_w（℃）	出口温度 t_2（℃）	进口温度（℃）	空气压差（Pa）
…							

表2-8-3　干燥曲线和干燥速率曲线实验数据结果表

序号	$\Delta\tau$（s）	τ（s）	τ（h）	X kg（水）/kg（绝干物料）	U kg/（m^2·s）	X_m kg（水）/kg（绝干物料）
…						

七、实验报告

（1）将不同条件的实验原始数据和实验结果数据列表。

（2）根据不同的实验条件在同一坐标上分别绘制干燥曲线（含水量—时间关系曲线）和干燥速率曲线。

（3）求不同条件的物料临界含水量 X。

（4）对不同实验条件的实验结果进行分析与讨论。

八、思考题

1. 实验过程中干、湿球温度计是否变化？为什么？
2. 恒定干燥条件是指什么？
3. 如何判断实验已经结束？

实验九　综合设计型工程实验——酒精分离工艺过程操作与控制优化

一、实验目的

1. 熟悉酒精生产过程的工艺；
2. 系统掌握板式塔的操作方法与控制原理；
3. 学会利用所学理论知识去分析分离操作过程中遇到的工程实际问题，并找出解决问题的方法；
4. 通过对系统的经济评价，加强工程经济意识。

二、实验内容

1. 通过给定实验任务进行物料衡算，并确定操作参数，完成规定的产量和技术指标。
2. 进行实验操作，分析实验过程中操作参数对技术和经济指标的影响并作出评价。

三、生产指标

（1）处理能力：0.007～0.015m^3/h，乙醇体积分数22%～25%；
（2）塔顶产品质量：≥92%～94%；
（3）乙醇回收率：95%以上。

四、经济指标

原料成本：工业下脚料、工业废料，约500元/吨（18%～25%）；
工业酒精市售参考价：约5000元/吨（95%）；
能源形式：电能，约1.0元/度；
冷却剂：水，约1.50元/吨。

五、现场设备条件

(1) 精馏塔1（见图2-6-1）：塔径ϕ68，塔板11块，冷凝器面积0.4m^2，配料槽，高位槽，送液泵，产品储槽，流量计，热电偶测温装置，电器控制仪表。

(2) 精馏塔2（见图2-6-2）：塔径ϕ76，塔板20块，冷凝器面积0.36m^2，配料槽，送液泵，产品储槽，流量计，热电偶测温装置，电器控制仪表。

(3) 精馏塔3、4（见图2-6-3）：塔径ϕ68，塔板20块，冷凝器面积0.36m^2，配料槽，送液泵，产品储槽，流量计，热电偶测温装置，电器控制仪表。

(4) 样品检测仪表：温度计，酒精计。

六、实验前要求：通过查找资料提交实验设计方案

在接到实验任务后，应根据实验的要求查找有关资料，并完成如下过程，并提交设计方案报告。

1. 进行工艺计算

(1) 全塔物料衡算；
(2) 确定精馏塔的工艺操作参数。

2. 写出实验方案报告（包含如下内容）

(1) 实验方案的比较和选择；
(2) 物料衡算过程及结果；
(3) 列出塔的工艺操作参数（列表）；
(4) 实验流程和实验操作步骤。

七、实验报告要求

(1) 实际实验时的任务；
(2) 实验时物料衡算的计算过程，实验操作工艺参数表和实验操作步骤；
(3) 实验记录表，实验结果计算，并确定是否符合要求；
(4) 提馏段、精馏段和q线等操作线方程，全塔效率；
(5) 热量衡算的计算过程；
(6) 经济效益计算（电、水、原料等成本）；
(7) 实验结果分析与讨论（含经济指标评价，在工业生产中实现经济效益等）；

（8）实验总结。

八、实验过程中应注意的问题

1. 当自己设定的数据与现场实际有偏差时，应进行数据校正，调整操作参数。

2. 在实验过程中，若产品质量指标达不到要求时，应如何解决；当产品质量指标达到要求，而产量指标达不到要求时，又应如何解决。

3. 实验过程中，应用所学过的理论知识，通过分析与讨论发现问题，找出解决实验中遇到的工程实际问题。

4. 在实验中应注意安全，也要大胆地进行独立操作。通过实际操作，掌握工业生产的操作和控制方法。

九、思考题

1. 通过本次从给出实验任务——理论计算——到实验室完成任务的过程，你有何感想？

2. 在你进行经济效益分析时，若把本实验过程用于工业生产，你如何提高经济效益？

3. 工业生产如何实现节能？

第三章　演示实验

实验一　雷诺实验

一、实验目的

1. 了解层流和湍流两种流动型态在管路中流速的分布情况；
2. 熟悉层流和湍流与 Re 之间的联系。

二、实验任务

1. 观察层流、湍流时速度分布曲线的形成；
2. 观察保持液位稳定，调整水流从层流转变为湍流时 Re 的临界状态的情况。

三、实验装置

雷诺实验装置，如图 3－1－1 所示。

四、操作步骤

（1）打开进水阀 6，使水通过缓冲箱 7 慢慢进入储水箱 1，并保持有少量水通过溢流管流出；

（2）打开流量控制阀 3，水即从水箱进入玻璃管 2，经转子流量计 4 后流出；

（3）打开调节墨水的开关 10（注意墨水不要开得太大，否则效果不好）后，控制流体的流量，观察流动型态；

（4）调整水流的速度（此时流量控制开关要慢慢调节，幅度不要太大），观察墨水在玻璃管中的变化情况。

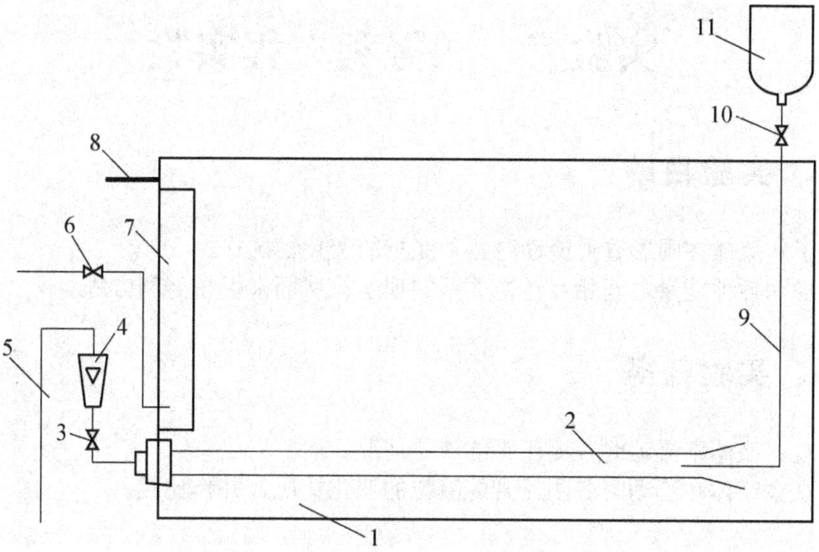

图3-1-1　雷诺实验装置示意图

1—储水箱；2—玻璃管；3—流量控制阀；4—转子流量计；5—排水管；6—进水阀；7—缓冲箱；8—溢流管；9—墨水管；10—墨水阀；11—墨水瓶

五、思考题

1. 影响流体流动形态的因素有哪些？

2. 如果管子不是透明的，不能通过直接观察来判断管中的流体流动形态，你认为可以用什么办法来判断？

3. 有人说可以用流速来判断管中的流体流动型态，速度低于某一具体数据时是层流，否则是湍流。你认为这种看法对否？在什么条件下可以由流速来判断流动型态？

实验二　柏努利方程实验

一、实验目的

1. 了解流体在圆形管道流动时各种能量的变化情况；
2. 加深各种能量之间相互转换关系的理解，从而掌握柏努利方程。

二、实验任务

1. 观察流体不流动时各测压管的液位情况；
2. 观察流体在流动时各测压管的液位的变化情况，并作比较。

三、实验装置

柏努利实验装置如图 3－2－1 所示。

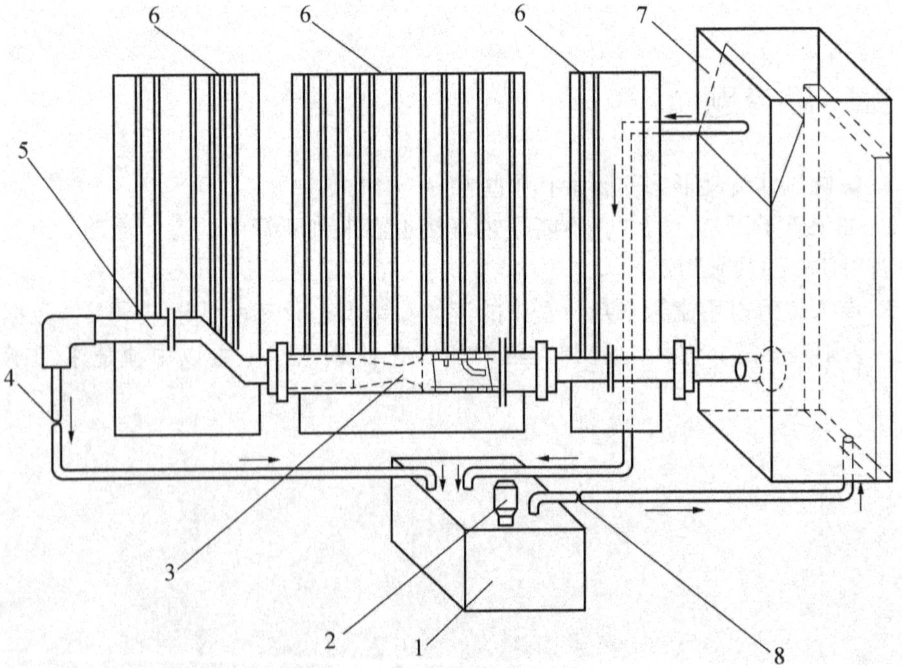

图 3－2－1　柏努利实验装置图

1—水箱；2—水泵；3—文丘里管；4—控制阀；5—管路；6—测压管；7—高位槽

四、操作步骤

（1）打开电源开关，启动水泵使水从水箱进入到高位槽，并保持高位槽的液位不变。

（2）打开控制阀4利用水流排除管道的气泡。关闭控制阀使水不流动，然后用洗耳球把各测压管的气泡吸出，使之无气泡，观察各测压管液位是否一致。为什么？

（3）打开控制阀，水开始流动，观察各测压管的液位是否变化、变化的情况如何。

（4）开大控制阀使流体流速加快，再观察各测压管的液位是否变化、变化的情况又如何。

五、思考题

1. 关闭阀4，各测压管的液位有无变化？这一高度的物理意义是什么？
2. 打开阀4，各测压管的液位变化如何？是否一致，为什么？
3. 开大阀4，各测压管的液位变化又如何？为什么距离高位槽越远差值越大？

实验三　自循环流体流动实验

一、实验目的

1. 了解流体在流道的流动过程；
2. 观察流体在不同流道流动时的现象，判断水头能量损失。

二、基本原理

该仪器以气泡为示踪介质。狭缝流道中设有特定边界流场，用以显示内流、外流、射流元件等多种流动图谱。半封闭状态下的工作液体（水）由水泵驱动，在水箱经掺气后流经显示板，形成无数小气泡随水流流动，在仪器内的日光灯照射和显示板底板的衬托下，小气泡发出明亮的折射光，清楚地显示出小气泡随水流动的图像。由于气泡的粒径大小、掺气量的多少可由阀 5 任意调节，故能使小气泡相对水流流动具有足够的跟随性。显示板设计成多种不同形状边界的流道，因此该仪器能十分形象、鲜明地显示不同边界包括分离、尾流、漩涡等多种流动图谱。

三、实验装置

自循环流体流动实验装置如图 3－3－1 所示。

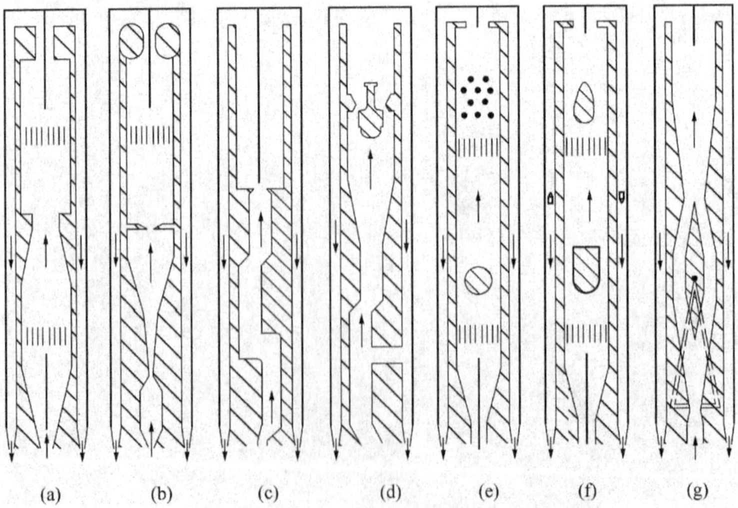

图 3－3－1　自循环流体流动实验装置图

四、实验步骤及注意事项

实验步骤

（1）启动：打开旋钮，在最大流速下使显示面两侧下水道充满水。

（2）掺气度调节：旋动调节阀5改变掺气度（ZL－7型除外）。注意有滞后性，调节应缓慢逐次进行，使之达到最佳显示效果。掺气量不宜太大，否则会阻断水流或产生振动。

注意事项

1. 水泵附设过热保护器，若工作温度过高或低速下进行过久，电机过热，热保护器就会自动切断水泵电源。此时可关机一段时间后再启用（如跳开热保护器不用，则例外）。

2. 该水泵不能在低流速下长时间工作，更不允许在通电情况下（日光灯亮）长时间处于停转状态，只有日光灯已灭才是真正关机。

五、实验演示内容及指导

各实验仪演示内容及实验指导提要如下：

1. ZL－1型（图3－3－1a）

用以显示逐渐扩散、逐渐收缩、突然扩大、突然收缩、壁挂冲击、直角弯道等平面上的流动图像，模拟串联管道纵剖面流谱。

在逐渐扩散段可看到由边界分层分离而形成的漩涡，且靠近上游喉颈处，流速越大，涡旋尺度越小，紊动强度越高；而在逐渐收缩段无分离，流线均匀收缩，亦无漩涡。由此可知，逐渐扩散段局部水头损失大于逐渐收缩段。

在突然扩大段出现较大的漩涡区，而突然收缩段只在死角处和收缩断面后的进口附近出现较小的漩涡区。表明突扩段比突缩段有较大的局部水头损失（缩扩的直径比大于0.7时例外），而且突缩段的水头损失主要发生在突缩断面后部。

由于本仪器突缩段较短，故其流谱亦可视为直角进口管嘴的流动图像。在管嘴进口附近，流线明显收缩，并有漩涡产生，致使有效过流断面减小，流速增大，从而在收缩断面出现真空。

在直角弯道和壁面冲击段也有多处漩涡区出现。尤其在弯道流中，流线弯曲更剧烈，越靠近弯道内侧，流速越小。且近内壁处出现明显的回流，所形成的回流范围较大，将此与 ZL－2 圆角转弯流动对比，直角弯道漩涡大，回流更加明显。

漩涡的大小和紊动强度与流速有关。这可通过流量调节观察对比，例如流量减小，渐扩段流速较小，其紊动强度也较小，这时可看到在这个渐扩段有明显的单个大尺度涡旋。反之，当流量增大时，这单个大尺度涡旋随之破碎，并形成无数个小尺度的涡旋，且流速越高，紊动强度越大，旋涡越小，可以看到，几乎每一个质点都在其附近激烈地旋转着。又如，在突扩段，也可看到漩涡尺度的变化。据此清楚表明：紊动强度越大，涡旋尺度越小，几乎每一个质点都在附近激烈地旋转着。水质点间的内磨擦越厉害，水头损失就越大。

2. ZL－2 型（图 3－3－1b）

显示文丘里流量计、孔板流量计、圆弧进口管嘴流量计以及壁面冲击、圆弧形弯道等串联流道纵剖面上的流动图像。

由显示可见，文丘里流量计的过流顺畅，流线顺直，无边界层分离和漩涡产生。在孔板前，流线逐渐收缩，汇集于孔板的孔口处，只在拐角处有小漩涡出现，孔板后的水流逐渐扩散，并在主流区的周围形成较大的漩涡区。由此可知，孔板流量计的过流阻力较大；圆弧进口管嘴流体流动顺畅，管嘴过流段上无边界层分离和漩涡产生；在圆形弯道段，边界层分离的现象及分离点明显可见，与直角弯道比较，流线较顺畅，漩涡发生点少。

由上述可了解三种流量计结构、优缺点及其用途。如孔板流量计结构简单，测量精度高，但水头损失很大。作为流量计损失大是缺点，但有时将其移作它用，例如工程上的孔板消能（详见下述）又是优点。另外从型 1 或型 2 的弯道水流观察分析可知，在急变流段测压管水头不按静水压强的规律分布，其原因是什么？这有两方面的影响：①离心惯性力的作用，②流速分布不均匀（外侧大、内侧小并产生回流）。该演示仪所显示的现象还表征某些工程流况，如下三例。

（1）孔板式有压隧道的泄洪消能。如黄河小浪底电站，在有压隧洞中设置了五道孔板式消能工程，使泄洪的余能在隧洞中消耗，从而解决了泄洪洞出口缺乏消能条件时的工程问题。其消能的机能、水流形态及水流和隧洞间的相互作用等，与孔板出流相似。

（2）圆弧形管嘴过流。进口流线顺畅，说明这种管嘴流量系数较大（约为 0.98）。可将此与 ZL－1 型的直角管嘴对比观察，理解直角进口管嘴的流量系数较小（约为 0.82）的原因。

（3）喇叭形管道取水口。结合 ZL－1 型的演示可帮助学生了解为什么喇叭形取水口的水头损失系数较小（为 0.05 ～0.25，而直角形的约为 0.5）的原因。这是由于喇叭形进口符合流线型的要求。

3. ZL－3 型（图 3－3－1c）

显示 30°弯头、直角圆弧弯头、直角弯头，45°弯头以及非自由射流等流段中剖面、纵剖面上的流动图像。

由显示可见，在每一转弯的后面，都因边界层分离而产生漩涡。转弯角度不同，漩涡大小、形状各异。在圆弧转弯段，流线较顺畅。该串联管道上还显示了局部水头损失叠加影响的图谱。在非自由射流段，射流离开喷嘴后不断卷吸周围的流体，形成射流的紊动扩散。在此流段上还可看到射流的“附壁效应”现象。

综上所述，该仪器可演示的主要流动现象为：

（1）各种弯道和水头损失的关系。

（2）短管串联管道局部水头损失的叠加影响。这是计算短管局部水头损失时，各单个局部水头损失之和并不一定等于管道总局部水头损失的原因所在。

（3）非自由射流。根据专业的不同可分别侧重于紊动扩散、漩涡状态或射流的附壁效应等。例如，对水工、河港等专业的学生，可结合河道的冲淤问题加以解说。从该装置的一半看（以中间导流杆为界），若把导流杆当作一侧河岸，主流沿河岸高速流动，由显示可见，该河岸受到水流的严重冲刷。而在主流的外侧产生大速度回旋，使另一侧河岸也受到局部淘刷。在喷嘴附近的回流死角处，因流速小，紊动度小，则出现淤积。这些现象在天然河道里是常有的。又如，对热工和化工一类专业的学生，则可侧重于紊动扩散和介质传输。对暖通专业的学生，则可侧重于风口布置对紊掺均匀度的影响等。

4. ZL－4 型（图 3－3－1d）

显示 30°弯头、分流、合流、45°弯头、YF 溢流阀、闸阀及蝶阀等流段纵剖面上的流动图谱。其中 YF 溢流阀固定，为全开状态，蝶阀活动可调。

由显示可见，在转弯、分流、合流等过流段上，有不同形状的漩涡出现。合流漩涡较为典型，明显干扰主流，使主流受阻。闸阀半开，尾部漩涡区较大，水头损失也较大。蝶阀通常作检修用，故只允许全开或全关。YF 溢流阀结构和流态均较复杂，详述如下。

YF 溢流阀广泛用于液压传动系统。其流动介质通常是油，阀门前后压差可高达 315bar，阀道处的流速每秒可高达 200 多米。本装置流动介质是水。为了与实际阀门的流动相似（雷诺数相同），在阀门前加一减压分流，该装置能十分清晰地显示阀门前后的流动形态。高速流体经阀口喷出后，在阀芯的大反弧段发生边界层分离，出现一圈漩涡带；在射流和阀座的出口处也产生一较大的漩涡环带。在阀后，尾迹区大而复杂，并有随机的卡门漩涡界产生。经阀芯芯部流过的小股流体也在尾迹区产生不规则的左右扰动。调节过流量，漩涡的形态仍然不变。

该阀门在工作中，由于漩涡带的存在，必然会产生较激烈的振动，尤其是阀芯反弧段上的漩涡带，影响更大。由于高速紊动流体的随机脉动，必然要引起漩涡区真空度的脉动，这一脉动压力直接作用在阀芯上，引起阀芯振动，而阀芯的振动又作用于流体的脉动和漩涡区的压力脉动，因而引起阀芯的更激烈振动。显然，漩涡带是一个很重要的振源，而且这一漩涡带还可能引起阀芯的空蚀破坏。另外，显示还表明，阀芯的受力情况也不太好。

利用该装置不但能获得十分满意的演示效果，而且还直接为改进阀门的性能提供了直观根据。

5. ZL－5型（图3－3－1e）

显示明渠逐渐扩散，单圆柱绕流、多圆柱绕流及直角弯道等流段的流动图像。圆柱绕流式是该型演示仪的特征流谱。

由显示可见单圆柱绕流式的边界层分离状况、分离点位置、卡曼涡街的产生与发展过程，以及多圆柱绕流时的流体混合、扩散、组合漩涡等流谱。现分述如下：

（1）驻滞点。观察流经前驻滞点的小气泡，可见流速的变化由 $v_0 \rightarrow 0 \rightarrow v_{max}$，流动在驻滞点上明显停滞（可结合说明能量的转化及毕托管测速原理）。

（2）边界层分离。结合显示图谱说明边界层、转捩点概念，并观察边界层分离现象，边界层分离后的回流形态以及圆柱绕流转捩点的位置。

边界层分离将引起较大的能量损失。结合渐扩段的边界层分离现象，还可说明边界层分离后会产生局部低压，以致于有可能出现空化和空蚀破坏现象，如文氏管喉管出口处（参空化机理实验仪说明）。

（3）卡曼涡街。圆柱的轴与来流方向垂直。在圆柱的两个对称点上产生边层分离后，不断交替在两侧产生旋转方向相反的漩涡，并流向下游，形成冯·卡曼（Von karman）“涡街”。

对卡曼涡街的研究，在工程实际中有很重要的意义。每当一个漩涡脱离柱体时，根据汤姆逊（Thomson）环量不变的定理，必然在柱体上产生一个与漩涡所具有的环量大小相等、方向相反的环量。这个环量使绕流体产生横向力，即升力。注意到在柱体的两侧交替地产生着旋转方向相反的漩涡，因此柱体上的环量的符号也交替变化，横向力的方向也交替变化。这样就使柱体产生了一定频率的横向振动。若该频率接近柱体的自振频率，就可能产生共振。为此现实中常采取一些工程措施加以解决。

应用方面，可举卡曼涡街流量计，参照流动图谱加以说明。从圆柱绕流的图谱可见，卡曼涡街的频率不仅与 Re 有关，也与管流的过流量有关。若在绕流柱上过圆心打一与来流方向相垂直的通道，在通道中装设热丝等敏感测量元件，则可测得由于交变升力引起的流速脉动频率，根据频率就可测出管道的流量。

卡曼涡街引起的振动及其实例：观察到的涡街现象很好地说明了升力产生的原

理，绕流体为何会产生振动以及为什么振动方向与来流方向相垂直等问题。作为实例，如风吹电线，电线会发出共鸣（风振）；潜艇在行进中，潜望镜会发生振动；高层建筑（高烟囱等）在大风中会发生振动等，其根源概出于卡曼涡街。

（4）多圆柱绕流。被广泛用于热工中的传热系统的“冷凝器”及其他工业管道的热交换器等。流体流经圆柱时，边界层内的流体和柱体发生热交换，柱体后的漩涡则起混掺作用，然后流经下一柱体，再交换再混掺。换热效果较佳。另外，对于高层建筑群，也有类似的流动图像，即当高层建筑群承受大风袭击时，建筑物周围也会出现复杂的风向和组合气旋，即使在独立的高建筑物下游附近，也会出现分离和尾流。这应引起建筑师的重视。

6. ZL－6型（图3－3－1f）

显示明渠渐扩、桥墩型钝体绕流、流线体绕流、直角弯道和正、反流线体绕流等流段上的流动图谱。

桥墩型柱体绕流。该绕流体为圆头方尾的钝形体，水流脱离桥墩后，形成一个漩涡区——尾流，在尾流区两侧产生旋向相反且不断交替的漩涡，即卡曼涡街。与圆柱绕流不同的是，该涡街的频率具有较明显的随机性。

该图谱主要作用有二：

（1）说明了非圆柱体绕流也会产生卡曼涡街；

（2）对比观察圆柱绕流和该钝体绕流可见：前者涡街频率 f 在 Re 不变时也不变；而后者，即使 Re 不变 f 也随机变化。由此说明了为什么圆柱绕流频率可由公式计算，而非圆柱绕流频率一般不能计算的原因。

解决绕流体的振动问题途径有三：

（1）改变流速；

（2）改变绕流体自振频率；

（3）改变绕流体结构形式，以破坏涡街的固定频率，避免共振。

如北大力学系曾据此成功地解决了一例120m烟囱的风振问题。其措施是在烟囱的外表加了几道螺纹形突体，从而破坏了圆柱绕流时的卡曼涡街的结构并改变了它的频率，结果消除了风振。

流线形柱体绕流。这是绕流体的最好形式，流动顺畅，形体阻力最小。又从对比正、反流线体流动可见，当流线体倒置时，也出现卡曼涡街。因此，为使过流平稳，应采用顺流而放的圆头尖尾形柱体。

7. ZL－7型（图3－3－1g）

这是一只“双稳放大射流阀”流动原理显示仪。经喷嘴喷射出的射流（大信号）可附于任一侧面，若先附于左壁，射流经左通道后，向右出口输出；当旋转仪器表面控制圆盘使左气道与圆盘气孔相通时（通大气），因射流获得左侧的控制流（小信号），射流便切换至右壁，流体从左出口输出。这时再转动圆盘切断气流，射流稳定于原通道不变。如要使射流再切换回来，只要再转动控制圆盘，使右气道与圆盘气孔相通即可。因此，该装置既是一个射流阀，又是一个双稳射流控制元件。只要给一个小信号（气流），便能输出一个大信号（射流），并能把脉冲小信号保持记忆下来。

由演示所见的射流附壁现象，又称作“附壁效应”。利用附壁效应可制成“或门”、“非门”、“或非门”等各种射流元件，并可把它们组成自动控制系统或自动检测系统。由于射流元件不受外界电磁干扰，较之电子自控元件有其独特的优点，故在军工方面也有它的用途。1962 年在浙江嘉兴 22km 高空用导弹击落的 U—2 型高空侦察机，所用的自控系统就是由这种射流元件组成。射流元件在其他工控中亦有广泛应用。

这种装置在连续流中可利用工作介质直接控制液位。

六、注意问题

在演示过程中，气流完全切断后，流道内无气体掺入，会影响演示效果，这时只要转动圆盘使通气孔接近射流相应侧的通气道（不要重合）就会有少量气泡掺入，使主射流显示得更清晰。

操作中还须注意，开机后需等 1 ～ 2 min，待流道气体排净后再实验。否则仪器将不能正常工作。

实验四 浮阀塔流体力学性能实验

一、实验目的

1. 了解塔板结构和其区间的分布情况；
2. 观察塔板通过一定的气、液量时，气液相在塔板上的接触情况；
3. 观察浮阀塔在操作时的现象，了解正确设计浮阀塔的气速的重要性。

二、实验任务

1. 观察塔板通过一定的气、液量时的现象；
2. 适当改变气、液量，观察因气、液负荷的变化而引起的现象。

三、实验装置

浮阀塔流体力学性能实验装置与流程，如图 3-4-1 所示。

四、操作步骤

(1) 启动水泵，打开出水阀 3，调节流量计 4 在某一数值，使塔充分润湿，调节阀 9 使塔的液位在进气管的下面。在不开动风机的情况下，观察塔板的情况，再改变水量的大小，再观察是否有变化。

(2) 维持一定的进水量，启动风机 6，打开空气控制阀 7，并使流量计 8 在某一数值，观察塔板的情况、流体流动的状况。

(3) 全开空气控制阀 7，并调节流量计 8 的数值最大，观察塔板的情况、流体流动的状况。

(4) 逐步关小空气控制阀 7，并调节流量计 8 的数值，观察塔板的情况、流体流动的状况。

五、思考题

1. 影响塔正常操作的因素有哪些？
2. 当空气量一定时，改变水量会出现何种情况？

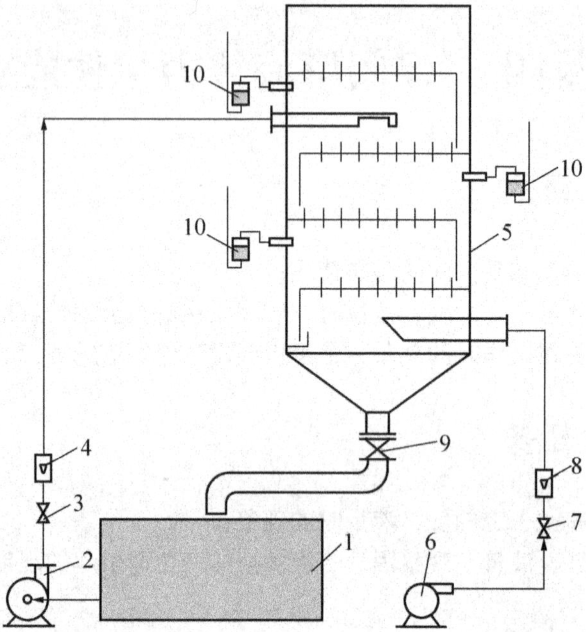

图3-4-1　浮阀塔流体力学性能实验装置示意图

1—储水箱；2—水泵；3—水控制阀；4—水转子流量计；5—浮阀塔；6—风机；7—气体控制阀；8—空气转子流量计；9—塔底液控制阀；10—测压计

3. 维持一定的水量时，逐渐改变空气量又会出现何种情况？

4. 产生漏液现象的原因是什么？

第四章　仿真实验

计算机仿真实验是现代化教学的一个重要环节，是提高教学效果的一项重要措施。实践证明，学生通过键盘操作仿真实验，能充分调动学生学习的主动性，使学生得到实验教学全过程的训练，对提高教学质量有独特作用。计算机仿真实验具有投资省、运行费用低的特点，并可大大提高实验教学效果和水平。

本仿真实验软件系统是按照全国高等院校化工原理实验教学要求，参照华南理工大学制造的化工原理实验装置进行设计的。软件通过大量真实的实验数据进行教学分析、建模，采用C语言和汇编语言编程，画面清晰，动画与声响结合，仿真实验效果良好，窗口中文提示，操作简单。

一、仿真软件的组成

整套软件系统包括6个单元仿真实验：

实验一：离心泵操作与性能测定；

实验二：管道中流体阻力的测定；

实验三：传热实验；

实验四：精馏操作与塔板效率的测定；

实验五：吸收操作与吸收系数的测定；

实验六：干燥仿真实验。

每个单元仿真实验功能包括仿真操作、数据处理和实验知识测评3部分。其中数据处理可进行仿真操作的数据处理和键盘输入的数据处理，需要时，还可打印出完整的实验报告。

6个单元实验可以各自独立运行，字库是共享的。本仿真实验选取了6个实验，可根据实验教学的安排选做其中的仿真实验内容。

二、仿真软件操作

由于本化工原理仿真实验软件已安装在计算机实验中心的机房，因此在使用上有一定的要求，必须按下列过程操作才能进入系统。

（1）点击桌面“开始”，进入“运行”，输入\\ 10.5.5.200 \ write，进入“共享与发布”后，点击“old”文件夹→找到“FZ”文件夹并把该文件夹复制到E盘上，然后退回到桌面。

（2）点击“程序”→“附件”→命令提示符，进入DOS系统，即C：\ ……>，然后键入E：回车，即进入E：\ >。

（3）在E：\ >状态下输入“CD \ FZ”并回车，即进入“E：\ FZ >”状态，然后输入具体仿真实验的文件名，则进入了该仿真实验系统。

然后根据需要选择仿真实验项目，例如选“1”运行离心泵仿真实验，当屏幕显示版本信息后，连续按回车键或空格键直至显示如下菜单：

1. 仿真运行；
2. 实验测评；
3. 数据处理；
4. 退出。

根据指导老师的要求选择相应的内容进行操作。当进入显示菜单后，如按“1”键选择“仿真运行”，屏幕上即显示实验流程图，并且在屏幕下部显示操作代码。根据化工原理实验操作程序要求，选择操作代码提示各项控制点依次进行操作。每项控制点由数字代码表示，选定后按“↑”或“↓”键进行开、关进行量的调控，调控完毕按回车键，又回到主菜单。详细情况看具体仿真实验操作步骤。

备注：运行时请不要运行中文DOS，要在英文DOS下运行。

三、仿真实验项目的安排

根据化工原理实验教学的安排，要完成4个仿真实验，即管道阻力仿真实验（文件名：LOSS）、离心泵仿真实验（文件名：PUMP）、传热仿真实验（文件名：HEAT）、精馏仿真实验（文件名：DIST）。其余仿真实验学生可自行到计算机中心机房预约进行。

四、仿真实验的要求

1. 仿真实验时要完成3项内容：仿真运行、实验测评、数据处理。

2. 具体的顺序为仿真运行、数据处理。数据处理看结果是否符合要求，如果不符合要求，则返回仿真运行重新做，一直做到符合要求或满意为止。保留此结果，让教师看仿真运行的结果。注意：此时不能再进入仿真运行，否则原有且满意的结果将消失，要重做。

3. 进入实验测评。测评题是检查学生对理论和实验熟悉情况的依据，测评题是双多项选择题，所以必须全选。选择完成后，按住“Ctrl”键，然后轻轻点击“End”键，则会自动评阅并给出成绩。此成绩教师也要记录。

实验一　离心泵仿真实验

本仿真实验可测定离心泵3条特性曲线和演示离心泵的汽蚀现象。

一、常规操作和操作代码

进入仿真系统后，当出现实验题目，再连续回车或按空格键直到仿真操作选择菜单。选“1”即进入仿真操作。屏幕出现实验装置图，图形下方显示实验各控制点的操作说明，即仿真操作主菜单，这时可选择相应的代码进行操作。选定后按“↑”或者“↓”键进行开、关或量的调节。当需要记录数据时，按R或W键自动将当前状态的数据记录下来并存入硬盘，以便数据处理时调用。

每完成一项操作按回车又回到主菜单。操作代码如下：

1—表示灌水阀V1；

2—表示离心泵进水阀V2；

3—表示离心泵排水阀V3；

4—泵电源开关；

5—天平砝码操作；

0—返回（退出仿真操作）。

注意：本实验中，离心泵出口压力表示值为 kgf/cm^2，离心泵进口真空表示值为mmHg，转速为r/min，涡轮流量计示值频率单位为Hz（按公式换算流量）。实验流程图下方显示控制点的操作代码。

二、仿真实验步骤

（1）离心泵的排气灌水操作：关闭离心泵进水阀V2（首次操作时已关闭，无需操作），打开出水阀V3，即按数字键“3”，再按“↑”键，此时有数据出现，表示了阀门开启的程度。按回车键回到主菜单，选“1”并按“↑”键，打开灌水阀V1（阀门红色时表示打开，无色时表示关闭）。然后再关闭灌水阀V1和出水阀V3，即选“1”并按“↓”键，按回车键，再选“3”按“↓”键。灌水完毕，按回车键又回到主菜单。

（2）启动水泵：选“4”并按“↑”键即水泵启动。

（3）全开进水阀V2，使V2开度至100%：即选“2”，连续按“↑”键，然后回车。

(4) 调整天平砝码，使其平衡：选“5”按“↑”键添加砝码，按“↓”键减少砝码，直到平衡为止。

(5) 按R键或W键，读取离心泵流量为0时的第一组数据（包括流量、泵进、出口压强，泵转速和测功仪所加的砝码质量等数据）。

(6) 打开水泵排水阀V3至某一值：即按“3”键，再连续按“↑”键，按回车键。又回到主菜单，重新调整天平砝码使其平衡。

(7) 按R键读取第二组数据。

(8) 重复(6)～(7)步操作，记录约10组数据，包括大流量数据，然后关闭排水阀V3。

(9) 停泵：选“4”按“↓”键。退出：选“0”，按回车键。

以上为泵性能曲线测定仿真实验操作。完成仿真操作后，即可进行实验数据处理。

(10) 汽蚀现象演示操作（选做）：泵启动后，调整排水阀V3使涡轮流量计显示在100左右。逐步关小进水阀V2，并开大排水阀V3，保持流量显示在100左右。当发生汽蚀现象时，泵发出不同的噪音，流量突然下降，然后开大进水阀V2。

(11) 关闭排水阀V3，停泵，退出。

注意：1. 操作中，按一下H键或者L键可加快或减缓调节流量或砝码的速率。

2. 每完成一项操作后，按回车键，返回操作菜单。

三、实验数据处理操作

本实验处理程序可处理仿真操作所记录的数据，也可以处理实验装置采集到的数据。

1. 处理仿真操作实验数据

完成仿真操作并退出后，选“3”进入数据处理操作。此时，屏幕显示如图4-1-1。

连续按“↓”键或“↑”键使选择标记“长方格”移动至“读磁盘数据”一栏，再按回车键，屏幕上出现提示输入数据，按R键即调出仿真后储存的磁盘数据（做过仿真操作才有数据）。然后再按“↓”键，每按一次读一组数据，直到读完为止。

要显示或打印实验结果时，则选中“显示或打印”栏，按回车键即可把实验数据以实验报告的形式显示或打印出来。每按一次回车键，即显示一屏数据或图形，继续按回车键直到显示完为止。选中“返回”并按回车键则退出数据处理系统。

离心泵特性曲线测定实验

一、基本数据：

设备编号：PUMP－1　　　　泵标定转速：2900

水温：　　25℃　　　　　涡轮流量计系数：70.53

是否打印：N　　　　　　　测定实验数据次数：0

二、实验测定数据

读磁盘数据

序号	流量计示值	泵进口真空度	泵出口表压	测功砝码	泵转速
1	0	0	0	0	0

显示或打印　　　　　返回

图4－1－1

2. 处理实验装置采集的数据

选中要输入数据的那一栏，按回车键，输入相应符号或数据，如再按回车键便改变原来数据而输入新的数据。输入各项数据时，可用“→”、“←”键进行输入或修改，直到正确为止。最后选中“显示或打印”栏，按回车键，显示数据处理结果。

四、实验知识测评

完成仿真操作退出后，按“2”键，选择“实验测评”，此时屏幕显示第一大题，可按“↑”或“↓”键选择每小题进行回答，选中小题后即在题号左端出现提示符，认为对的按Y，错的按N。可以反复按Y或N。测评题目要求全判断，即多项双向选择。若选择一至九大题，可直接按数字键1至9；若选择十至十九大题，应先按住“Alt”键再按数字键。此外，还可以按“PgDn”键选下一大题，按“PgUp”键选上一大题。按数字“0”选择答题总表，以便观察各题解答情况。

当做题时间满15min或按“Ctrl＋End”键（即按“Ctrl”键的同时按“End”键），计算机自动退出并给出测评分数。再按回车键返回主菜单。

整个操作在屏幕下方有详细说明。

五、实验测试题

双向多项选择题。以下各题中的A、B、C、D选项，你认为对的按Y键，错的按N键。要求全判断。

1. 在本实验中，若离心泵启动后抽不上水来，可能的原因是：

A. 开泵时，出口阀未关闭

B. 发生了气缚现象

C. 没有灌好水

D. 泵的进水阀没有打开

2. 离心泵启动时应该关闭出口阀，其原因是：

A. 若不关闭出口阀，则开泵后抽不上水来

B. 若不关闭出口阀，则会发生气缚现象

C. 若不关闭出口阀，则会使电机启动电流过大

D. 若不关闭出口阀，则会发生气蚀

3. 关闭离心泵时应该关闭出口阀，其原因是：

A. 若不关闭出口阀，则因吸入管线中的进水阀开启会使水倒流

B. 若不关闭出口阀，则会发生气蚀作用

C. 若不关闭出口阀，则会使泵倒转而可能打坏叶轮

D. 若不关闭出口阀，则会使电机倒转而可能损坏电机

4. 开打排出阀，离心泵出口压力表的读数按什么规律变化？

A. 升高

B. 降低

C. 先升高再降低

D. 先降低再升高

5. 关小排出阀时，离心泵入口真空表的读数按什么规律变化？

A. 增大

B. 减小

C. 先增大后减小

D. 先减小后增大

6. 本实验中的流量靠什么仪器测定？
A. 孔板流量计和 U 形管压差计
B. 涡轮流量计
C. 以上两种仪器共同测定
D. 转子流量计

7. 当离心泵的流量增大时，电机的功率怎样变化？
A. 增大
B. 减小
C. 先增大后减小
D. 先减小后增大

8. 离心泵的转速随泵的流量增大而
A. 增大
B. 减小
C. 先增大后减小
D. 先减小后增大

9. 若离心泵输送的液体粘度比水大时，泵的压头将
A. 高于性能表上的给出值
B. 低于性能表上的给出值
C. 等于性能表上的给出值

10. 若离心泵输送的液体密度比水大时，泵的压头将
A. 高于性能表上的给出值
B. 低于性能表上的给出值
C. 等于性能表上的给出值

实验二　管道阻力仿真实验

本实验内容有两项，一是测定水平直管的摩擦系数与雷诺数的关系；二是测定90°标准弯头的局部阻力。

一、常规操作和操作代码

进入仿真系统后，当出现实验题目，再连续回车或按空格键直到仿真操作选择菜单。选“1”即进入仿真操作，屏幕出现实验装置图，图形下方显示实验各控制点的操作说明，即仿真操作主菜单，选择相应的代码进行操作。选定后按“↑”键或者“↓”键进行开、关或量的调节。当需要记录数据时，按 R 或 W 键自动将当前状态的数据记录下来并存入硬盘中，以便数据处理时调用。

每完成一项操作按回车又回到主菜单。操作代码如下：

1—表示泵灌水阀 V1

2—表示泵进水阀 V2

3—表示泵排水阀 V3

4—压差计与管路连接阀 V4

5—压差计进气阀 V5

6—压差计连接阀 V6

7—压差计进气排水阀 V7

8—泵电源开关

0—返回

注意：实验中所用的流量计为涡轮流量计，其示值频率单位为 Hz。实验流程图下方显示控制点的操作代码。

二、仿真实验步骤

（1）离心泵的排气灌水操作：关闭泵进水阀 V2，打开排水阀 V3，打开灌水阀 V1（阀红色时表示打开，无色时表示关闭），灌水完毕。再关闭灌水阀 V1 和排水阀 V3。

（2）启动水泵：选“4”并按“↑”键即泵启动。

（3）全开进水阀 V2，使 V2 开度至 100%。

（4）适度打开排水阀 V3（不宜过小）。

（5）压差计排气操作：打开阀 V4，打开阀 V5，接着关闭阀 V5；打开阀 V6 和 V7 排气后，关闭 V7。

（6）打开泵排水阀 V3 至某一值。

（7）按 R 键读取第一组数据（包括管路流量和两个压差计的读数）。

（8）重复（6）～（7）步操作，记录约 10 组数据（数据点宜前密后疏）。

（9）关闭出口阀 V3。

（10）停泵，退出。

注意：操作中，按一下 H 键或 L 键可加快或减缓调节流量的速率。

三、实验数据处理操作

本实验处理程序可处理仿真操作所记录的数据，也可以处理实验装置采集到的数据。

1. 处理仿真操作实验数据

完成仿真操作并退出后，选“3”进入数据处理操作。此时，屏幕显示如图 4－2－1 所示。

管道阻力测定实验

一、基本数据：

设备编号：LOSS－1　　泵标定转速：2900

水温：　25℃　　涡轮流量计系数：70.53

是否打印：N　　测定实验数据次数：0

二、实验测定数据

读磁盘数据

序号	流量计示值	压差计进口	压差计出口	泵转速
1	0	0	0	0

显示或打印　　返回

图 4－2－1

连续按“↓”键或“↑”键使选择标记“长方格”移动至“读磁盘数据”一栏，再按回车键，屏幕上出现提示输入数据，按 R 键即调出仿真后储存的磁盘数据（做过仿真操作才有数据）。然后再按“↓”键，每按一次读一组数据，直到读完为止。

要显示或打印实验结果时，则选中“显示或打印”栏，按回车键即可把实验数据以实验报告的形式显示或打印出来。每按一次回车键，即显示一屏数据或图形，继续按回车键直到显示完为止。选中“返回”并按回车键则退出数据处理。

2. 处理实验装置采集到的数据

选中要输入数据的那一栏，按回车键，输入相应符号或数据，如再按回车键便改变原来数据而输入新的数据。输入各项数据时，可用“→”、“←”键进行输入或修改，直到正确为止。最后选中“显示或打印”栏，按回车键，显示数据处理结果。

四、实验知识测评

完成仿真操作退出后，按“2”键，选择“实验测评”，此时屏幕显示第一大题，可按“↑”键或“↓”键选择每小题进行回答，选中小题后即在题号左端出现提示符，认为对的按 Y，错的按 N。可以反复按 Y 或 N。测评题目要求全判断，即多项双向选择。若选择一至九大题，可直接按数字键 1 至 9；若选择十至十九大题，应先按住“Alt”键再按数字键。此外，还可以按“PgDn”键选下一大题，按“PgUp”键选上一大题。按数字“0”选择答题总表，以便观察各题解答情况。

当做题时间满 15min 或按“Ctrl + End”键（即按“Ctrl”键的同时按“End”键），计算机自动退出并给出测评分数。再按回车键返回主菜单。

整个操作在屏幕下方有详细说明。

五、实验测试题

双向多项选择题。以下各题中的 A、B、C、D 选项，你认为对的按 Y 键，错的按 N 键。要求全判断。

1. 在完全湍流区，管道的阻力损失 h_f 与速度 u：

A. 成正比

B. 平方成正比

C. 无关

2. 在极度湍流区，摩擦系数 λ 随雷诺数 Re 增大而

A. 增大

B. 减少

C. 保持不变

3. 层流流动时，摩擦系数 λ 随雷诺数 Re 增大而

A. 增大

B. 降低

C. 保持不变

4. 在不同条件下测定的直管摩擦阻力系数与雷诺数的数据关系能否关联在一条曲线上？

A. 一定能

B. 一定不能

C. 只要温度相同就能

D. 只有管壁的相对粗糙度相等才能

E. 温度与管壁的相对粗糙度必须都相等才能

5. 以水为工作流体所测得的直管阻力系数与雷诺数的关系能否适用于其他流体？

A. 无论什么流体都能直接应用

B. 除水外什么流体都不能适用

C. 适用于牛顿型流体

6. 当管子放置角度或水流方向改变而流速不变时，其能量的损失是否相同？

A. 相同

B. 只有放置角度相同才相同

C. 放置角度虽然相同，流动方向不同，能量损失也不同

D. 放置角度不同，能量损失就不同

7. 本实验中测直管摩擦阻力系数时，倒 U 形压差计所测出的是：

A. 两测压点之间静压头的差

B. 两测压点之间位压头的差

C. 两测压点之间总压头的差

D. 两测压点之间速度头的差

8. 什么是光滑管？

A. 光滑管是绝对粗糙度为零的管子

B. 光滑管是摩擦阻力系数为零的管子

C. 光滑管是水力学光滑的管子（即若减小粗糙度，其摩擦阻力不再减小的管子）

9. 本实验中当水流过突然扩大管时，其各项能量的变化情况是：

A. 水流过突然扩大处后静压头增大了

B. 水流过突然扩大处后静压头和位压头的和增大了

C. 水流过突然扩大处后总压头增大了

D. 水流过突然扩大处后速度头增大了

E. 水流过突然扩大处后位压头增大了

10. 在测定90°弯头局部阻力系数中，当雷诺数增大时，其局部阻力系数变化是：

A. 总是增大

B. 总是下降

C. 基本上不变

实验三　传热仿真实验

本实验测定空气在圆形直管中做强制湍流时的对流传热关联式。

一、常规操作和操作代码

进入仿真系统后，当出现音乐、实验题目后，再连续回车或按空格键直到仿真操作选择菜单，然后选“1”即进入仿真操作。屏幕出现实验装置图，图形下方显示实验各控制点的操作说明，即仿真操作主菜单，选择相应的代码进行操作。选定后按“↑”键或者“↓”键进行开、关或量的调节。当需要记录数据时，按 R 键或 W 键自动将当前状态的数据记录下来并存入硬盘中，以便数据处理时调用。

每完成一项操作按回车又回到主菜单。操作代码如下：

1—风机开关 K1

2—热电偶测温观察转换开关

3—换热器排水阀 V1

4—空气流量调节阀 V2

5—加热蒸汽调节阀 V3

0—返回

注意：实验中流量计为孔板流量计，其示值为毫米水柱（mm H_2O）温度示值为毫伏（mV）。

实验流程图下方显示各控制点的操作代码。

二、仿真实验步骤

（1）打开风机开关 K1：选择数字键“1”操作，按“↑”键后，按回车键。

（2）开启空气调节阀 V2：即选择数字键“4”操作，按“↑”键后，按回车键。

（3）打开蒸汽调节阀 V3，使压强表显示在 0.5～0.6kgf/cm^2。

（4）打开换热器排气阀 V1 片刻以排除不凝性气体，然后关闭 V1。

（5）调节 V2 至某一开度（不宜过小，按“↑”、“↓”键进行量的调整）。当各点温度稳定后，按 R 键记录第一组数据（包括空气流量、空气进出口温度、空气压强、蒸汽温度、壁温等数据）。

（6）重复第 5 项操作，记录 8 组数据。

（7）关闭蒸汽阀 V3。

（8）关闭风机开关 K1，退出。

注意：操作中，按一下 H 或 L 键，可加快或减缓调节流量的速率。每完成一项操作后，按回车键返回操作菜单。

三、实验数据处理操作

本实验处理程序可处理仿真操作所记录的数据，也可以处理实验装置采集到的数据。

1. 处理仿真操作实验数据

完成仿真操作并退出后，选“3”进入数据处理操作。此时屏幕显示如图 4－3－1 所示。

传热实验

一、基本数据：

设备编号：HEAT－1	传热管直径：17.8mm
室温：　25℃	传热管长度：1.227m
是否打印：N	测定实验数据次数：0

二、实验测定数据：

读磁盘数据

序号	流量计示值	空气压强	进口热电偶	出口热电偶	管壁热电偶
1	0	0	0	0	0

显示或打印　　　　返回

图 4－3－1

连续按“↓”键或“↑”键使选择标记“长方格”移动至“读磁盘数据”一栏，再按回车键，屏幕上出现提示输入数据，按 R 键即调出仿真后储存的磁盘数据（做过仿真操作才有数据）。然后再按“↓”键，每按一次读入一组数据，直到读完为止。

要显示或打印实验结果时，则选中“显示或打印”栏，按回车键，即可把实验数据以实验报告的形式显示或打印出来。每按一次回车键，即显示一屏数据或图形，继续按回车键直到显示完为止。选中“返回”并按回车键，则退出数据处理操作。

2. 处理实验装置采集的数据

选中要输入数据的那一栏，按回车键，输入相应符号或数据；再按回车键便改变原来数据而输入新的数据。输入各项数据时，可用“→”、“←”键进行输入或修改，直到正确为止。最后选中“显示或打印”栏，按回车键，显示数据处理结果。

四、实验知识测评操作

完成仿真操作退出后，按“2”键选择“实验测评”，此时屏幕显示第一大题。可按“↑”键或“↓”键选择每小题进行回答。选中小题后即在题号左端出现提示符，认为对的按Y，错的按N。可以反复按Y或N。测评题目要求全判断，即多项双向选择。若选择一至九大题，可直接按数字键1至9；若选择十至十九大题，应先按住“Alt”键再按数字键。此外，还可以按“PgDn”键选下一大题，按“PgUp”键选上一大题。按数字“0”选择答题总表，以便观察各题解答情况。

当做题时间满15min或按“Ctrl + End”键（即按“Ctrl”键的同时按“End”键），计算机自动退出并给出测评分数。再按回车键返回主菜单。

整个操作在屏幕下方有详细说明。

五、实验测试题

双向多项选择题。以下各题中的A、B、C、D选项，你认为对的按Y键，错的按N键。要求全判断。

1. 本实验中，在通入饱和蒸汽进套管间时要排除不凝性气体，这是因为：

A. 不凝性气体的存在可能会引起爆炸

B. 不凝性气体的存在会使蒸汽冷凝传热膜系数 α 大大降低

C. 不凝性气体的存在会使空气传热膜系数 α 大大降低

2. 在本实验中的管壁温度 T_w 应接近蒸汽温度，还是空气温度？可能的原因是：

A. 接近空气温度，这是因为空气处于流动状态，即强制湍流状态，空气传热膜系数 α

B. 接近蒸汽温度，这是因为蒸汽冷凝传热膜系数 α > 空气传热膜系数

C. 不偏向任何一边，因为蒸汽冷凝传热膜系数 α 和空气传热膜系数 α 均对壁温有影响

3. 以空气为被加热介质的传热实验中，当空气流量 V 增大时，壁温如何变化？
A. 空气流量 V 增大时，壁温 T_w 升高
B. 空气流量 V 增大时，壁温 T_w 下降
C. 空气流量 V 增大时，壁温 T_w 不变

4. 下列诸温度中，哪个作为定物性参数的定性温度？
A. 介质的入口温度
B. 介质的出口温度
C. 蒸汽温度
D. 介质入口和出口温度的平均值

5. 管内介质的流速对传热膜系数 α 有何影响？
A. 介质流速 u 升高，传热膜系数 α 增加
B. 介质流速 u 升高，传热膜系数 α 降低
C. 介质流速 u 升高，传热膜系数 α 不变

6. 管内介质流速改变，出口温度如何变化？
A. 介质流速 u 升高，出口温度 t_2 升高
B. 介质流速 u 升高，出口温度 t_2 降低
C. 介质流速 u 升高，出口温度 t_2 不变

7. 蒸汽压强的变化对 α 关联式有无影响？
A. 蒸汽压强 p 升高，α 值增大，对 α 关联式有影响
B. 蒸汽压强 p 升高，α 值不变，对 α 关联式无影响
C. 蒸汽压强 p 升高，α 值减小，对 α 关联式有影响

8. 增大管内介质的流动速度时，总传热系数 K 如何变化？
A. 总传热系数 K 值增加
B. 总传热系数 K 值减小
C. 总传热系数 K 值不变

9. 蒸汽压强的变化与哪些因素有关？
A. 只与蒸汽阀门开度有关，即与蒸汽通量有关
B. 只与空气流量有关
C. 与蒸汽流量和空气流量均有关系

10. 如果疏水器的操作不良，对夹套内 α（蒸汽）有何影响？
A. 疏水器不起作用，蒸汽不断排出，α（蒸汽）将增大
B. 疏水器不起作用，蒸汽不断排出，α（蒸汽）将减小
C. 疏水器阻塞，冷凝液不能排出，α（蒸汽）将增大
D. 疏水器阻塞，冷凝液不能排出，α（蒸汽）将减小

11. 对本实验在下列强化传热的途径中，哪种方案在工程上可行？
A. 提高空气流速
B. 提高蒸汽流速
C. 采用过热蒸汽以提高蒸汽温度
D. 在蒸汽一侧管壁上加装翅片，增大冷凝面值
E. 内管加入填充物或采用螺纹管

实验四　精馏仿真实验

一、常规操作和操作代码

进入仿真系统后，当出现音乐、实验题目后，再连续回车或按空格键直到显示仿真操作选择菜单，选“1”即进入仿真操作。屏幕出现实验装置图，图形下方显示实验各控制点的操作说明，即仿真操作主菜单，选择相应的代码进行操作。选定后按“↑”键或者“↓”键进行开、关或量的调节。当需要记录数据时，按 R 键或 W 键自动将当前状态的数据记录下来并存入硬盘中，以便数据处理时调用。

每完成一项操作按回车又回到主菜单。操作代码如下：

1—进料泵 P1

2—进料阀 V1

3—回流阀 V2

4—产品阀 V3

5—残液排放阀 V4

a—塔釜加热开关 K3

6—冷却水进口阀 V5

7—排气阀 V6

8—塔釜加热开关 K1

9—塔釜加热开关 K2

0—返回

b—浓度检测

注意：实验流程图下方显示各控制点的操作代码。

二、仿真实验步骤

（1）开启进料泵：即选数字键“1”，按“↑”键，再按回车键。

（2）打开进料阀 V1：即选数字键“2”，按“↑”键，再按回车键。

（3）待塔釜料液浸没加热棒后，打开电源开关 K1、K2 和 K3 以加热料液。

（4）打开排气阀 V6，打开冷却水进口阀 V5 和回流阀 V2。

（5）当进料达塔釜体积约 4/5 时停止加料，此时进行全回流。

（6）当塔顶温度指示为 78～80℃，塔釜温度为 100～104℃并保持基本不变时，打开产品阀 V3，调整至 2～2.5L，回流量在 3～5L 之间。

（7）打开进料阀 V1，调整至 6～7.5L。

（8）若塔釜料液上升，则打开残液阀 V4，并调整产品、进料、回流量各参数以保持物料平衡。

（9）当操作稳定时，可检测浓度，即按 b 键，其单位为摩尔分数。

（10）当浓度不变时，按 R 键读取数据。

（11）关闭产品出口阀、加热电源、进料阀、残液阀、冷却水阀和回流阀。

（12）返回。

三、实验数据处理操作

本实验处理程序可处理仿真操作所记录的数据，也可以处理实验装置采集到的数据。

1. 处理仿真操作实验数据

完成仿真操作并退出后，选数字键“3”进入数据处理操作，此时屏幕显示如图4－4－1所示。

精馏实验

一、基本数据：

设备编号：　　　　塔板数：

是否打印：　　　　进料组成（摩尔分数）：

二、实验测定数据：

读磁盘数据

进料温度：20℃	进料流量（L/h）：0.0
进料组成（摩尔分数）：0.1	产品流量（L/h）：0.0
产品组成（摩尔分数）：0.0	釜液温度（℃）：0.0
釜液组成（摩尔分数）：0.0	回流流量（L/h）：0.0

显示或打印　　　　返回

图4－4－1

连续按“↓”键或“↑”键使选择标记“长方格”移动至“读磁盘数据”一栏，再按回车键，屏幕上出现提示输入数据，按R键即调出仿真后储存的磁盘数据（做过仿真操作才有数据）。然后再按“↓”键，每按一次读入一组数据，直到读完为止。

要显示或打印实验结果时，则选中“显示或打印”栏，按回车键，即可把实验数据以实验报告的形式显示或打印出来。每按一次回车键，即显示一屏数据或图形，继续按回车键直到显示完为止。选中“返回”并按回车键则退出数据处理操作。

2. 处理实验装置采集的数据

选中要输入数据的那一栏，按回车键，输入相应符号或数据。再按回车键便改变原来数据而输入新的数据。输入各项数据时，可用“→”、“←”键进行输入或修改，直到正确为止。最后选中“显示或打印”栏，按回车键显示数据处理结果。

四、实验知识测评操作

完成仿真操作退出后，按“2”键选择“实验测评”，此时屏幕显示第一大题。可按“↑”键或“↓”键选择每小题进行回答。选中小题后即在题号左端出现提示符，认为对的按Y，错的按N，可以反复按Y或N。测评题目要求全判断，即多项双向选择。若选择一至九大题，可直接按数字键1至9；若选择十至十九大题，应先按住“Alt”键再按数字键。此外，还可以按“PgDn”键选下一大题，按“PgUp”键选上一大题。按数字“0”选择答题总表，以便观察各题解答情况。

当做题时间满15min或按“Ctrl + End”键（即按“Ctrl”键的同时按“End”键），计算机自动退出并给出测评分数。再按回车键返回主菜单。

整个操作在屏幕下方有详细说明。

五、实验测试题

双向多项选择题。以下各题中的A、B、C、D选项，你认为对的按Y键，错的按N键。要求全判断。

1. 蒸馏操作能将混合液中组分分离的主要依据是：

A. 各组分的沸点不同

B. 各组分的含量不同

C. 各组分的挥发度不同

2. 全回流在生产中的意义在于：

A. 用于开车阶段采用全回流操作

B. 产品质量达不到要求时采用全回流操作

C. 用于测定全塔效率

3. 全回流操作的特点有：

A. $F=0$，$D=0$，$W=0$

B. 在一定分离要求下 NT 最少

C. 操作线和对角线重合

4. 精馏操作中，温度分布受哪些因素的影响？

A. 塔釜加热电压、塔顶冷凝器的冷却量
B. 塔釜压力
C. 物料组成

5. 判断达到工艺要求的全回流操作的标志有：
A. 浓度分布基本上不随时间改变而改变
B. 既不采出也不进料
C. 塔顶、塔釜组成已达到工艺要求
D. 温度分布基本上不随时间变化而变化

6. 本实验能否得到质量分数为98%的塔顶乙醇产品？
A. 若进料组成大于95.57%，塔顶可得到98%以上的乙醇溶液
B. 若进料组成大于95.57%，塔顶不能得到98%以上的乙醇溶液
C. 若进料组成小于95.57%，塔顶可得到98%以上的乙醇溶液
D. 若进料组成小于95.57%，塔顶不能得到98%以上的乙醇溶液

7. 冷料回流对精馏操作的影响为：
A. 理论板数增加，X_D 增加，塔顶温度 T 降低
B. 理论板数减少，X_D 增加，塔顶温度 T 降低
C. 理论板数减少，X_D 减少，塔顶温度 T 升高

8. 当回流比 $R < R_{min}$ 时精馏塔能否进行操作？
A. 不能操作
B. 能操作，但塔顶得不到合格产品

9. 在正常操作下，影响全塔效率的因素是：
A. 物系、设备及操作条件
B. 仅和操作条件有关
C. 加热量增加，效率一定增加
D. 加热量增加，效率一定减少
E. 仅与物系和设备有关

10. 精馏塔的常压操作是怎样实现的？
A. 塔顶连通大气
B. 塔顶冷凝器入口连通大气

C. 塔顶成品槽顶部连通大气
D. 塔釜连通大气
E. 进料口连通大气

11. 全回流操作时，回流量的多少受哪些因素影响？
A. 受塔釜加热量的影响
B. 受釜液组成的影响
C. 受塔顶冷却水量的影响
D. 受塔的温度分布的影响

12. 为什么要控制塔釜液面高度？
A. 为了防止加热装置被烧坏
B. 为了使精馏塔操作的稳定
C. 为了使釜液在釜内有足够的停留时间
D. 为了使塔釜与其相邻塔板间有足够的分离空间

13. 塔内上升气速对精馏操作有什么影响？
A. 上升气速过大会引起漏液
B. 上升气速过大会引起液泛
C. 上升气速过大会引起过量的液沫夹带
D. 上升气速过大会引起过量的气泡夹带
E. 上升气速过大会使塔板效率下降

14. 板压降的大小与什么因素有关？
A. 与上升蒸汽量有关
B. 与下降液量有关
C. 与塔釜加热量有关
D. 与气液相组成有关

实验五　吸收仿真实验

一、常规操作和操作代码

进入仿真系统后，当出现音乐和实验题目后，再连续回车或按空格键直到显示仿真操作选择菜单，选“1”即进入仿真操作。屏幕出现实验装置图，图形下方显示实验各控制点的操作说明，即仿真操作主菜单，选择相应的代码进行操作。选定后按“↑”键或者“↓”键进行开、关或量的调节。当需要记录数据时，按 R 键或 W 键自动将当前状态的数据记录下来并存入硬盘中，以便数据处理时调用。

每完成一项操作按回车，又回到主菜单。操作代码如下：

1—风机开关 K1

2—氨气瓶总阀门 V1

3—氨气量调节阀 V2

4—空气流量调节阀 V3

5—自来水流量调节阀 V6

6—尾气采样阀 V7

0—返回

注意：实验中流量计为转子流量计，实验流程图下方显示各控制点的操作代码。

二、仿真实验步骤

（1）打开自来水调节阀 V6：即选数字键“5”操作，按“↑”键或“↓”键使喷淋量显示在 60～90L/min，然后按回车键。

（2）全开风机旁通阀 V3：即选数字键“4”操作，连续按“↑”键，再按回车键。

（3）启动风机：即选数字键“1”，按“↑”键，再按回车键。

（4）逐渐关闭旁通阀 V3：即选数字键“4”操作，连续按“↓”键至发生液泛为止。液泛时喷洒器下端出现横条液体波纹。以上是发生液泛现象时的操作。

（5）调整旁通阀 V3 至某一开度：即选数字键“4”操作，按“↑”键或“↓”键使空气流量计显示在 $20m^3/h$ 左右。

（6）打开氨瓶阀门 V1：即选数字键“2”，按“↑”键，再按回车键。

（7）调整氨气调节阀 V2：即选数字键“3”操作，按“↑”键或“↓”键至氨气流量计示值为0.5～0.9m^3/h。

（8）将1mL含有红色指示剂的硫酸倒入吸收器内（此步自动完成）。

（9）打开通往吸收器的旋塞V7：即选数字键“6”，按“↑”键再按回车键。

（10）当吸收液硫酸由红色转变为黄色时，立即关闭旋塞V7：即选数字键“6”，按“↓”键，再按回车键，并按R键记录数据。

（11）关闭氨气阀门V1和V2：即选数字键“2”，按“↓”键，再按回车键；选数字键“3”，按“↓”键，再按回车键。

（12）关闭风机：即选数字键“1”，按“↓”键，再按回车键。

（13）关闭喷淋水量调节阀V6：即选数字键“5”，连续按“↓”键，再按回车键。

（14）返回：即选数字键“0”，再按回车键。

注意：操作中，按一下H或L键，可加快或减缓调节流量的速率。

三、实验数据处理操作

本实验处理程序可处理仿真操作所记录的数据，也可以处理实验装置采集到的数据。

1. 处理仿真操作实验数据

完成仿真操作并退出后，选数字键“3”进入数据处理操作。此时，屏幕显示如图4－5－1所示。

吸收实验

一、基本数据

设备编号：ABSO－1

室温：　25℃　　是否打印：N

二、实验测定数据

读磁盘数据

水流量	空气数据	氨气数据	尾气	压强
L（L/h）	$V_1T_1p_1$	$V_2T_2p_2$	$V_3N_SV_S$	p_3p_4

显示或打印　　返回

图4－5－1

连续按“↓”键或“↑”键使选择标记“长方格”移动至“读磁盘数据”一栏，再按回车键，屏幕上出现提示输入数据，按R键即调出仿真后储存的磁盘数据（做过仿真操作才有数据）。然后再按“↓”键，每按一次读入一组数据，直到读完为止。

要显示或打印实验结果时，则选中“显示或打印”栏，按回车键即可把实验数据以实验报告的形式显示或打印出来。每按一次回车键，即显示一屏数据或图形，继续按回车键直到显示完为止。选中“返回”并按回车键，则退出数据处理操作。

2. 处理实验装置采集的数据

选中要输入数据的那一栏，按回车键，输入相应符号或数据，再按回车键便改变原来数据而输入新的数据。输入各项数据时，可用“→”、“←”键进行输入或修改，直到正确为止。最后选中“显示或打印”并按回车键，显示数据处理结果。

四、实验知识测评操作

完成仿真操作退出后，按“2”键选择“实验测评”，此时屏幕显示第一大题。可按“↑”键或“↓”键选择每小题进行回答。选中小题后即在题号左端出现提示符，认为对的按Y，错的按N，可以反复按Y或N。测评题目要求全判断，即多项双向选择。若选择一至九大题，可直接按数字键1至9；若选择十至十九大题，应先按住Alt键再按数字键。此外，还可以按“PgDn”键选下一大题，按“PgUp”键选上一大题。按数字“0”选择答题总表，以便观察各题解答情况。

当做题时间满15min或按“Ctrl + End”键（即按“Ctrl”键的同时按“End”键），计算机自动退出并给出测评分数。再按回车键返回主菜单。

整个操作在屏幕下方有详细说明。

五、实验测试题

双向多项选择题。以下各题中的A、B、C、D选项，你认为对的按Y键，错的按N键。要求全判断。

1. 本实验中，在测定吸收系数时，供水系统a、氨气系统b和空气系统c的启动顺序是：

A. a→b→c

B. b→a→c

C. c→b→a

D. a→c→b

2. 判断下列诸命题是否正确？
A. 喷淋密度是指通过填料层的液体量
B. 喷淋密度是指单位时间通过填料层的液体量
C. 空塔气速是指气体通过空塔时的气速

3. 干填料及湿填料压降与气速关系曲线的特征是：
A. 对干填料 u 增大，$\Delta p/Z$ 增大
B. 对干填料 u 增大，$\Delta p/Z$ 不变
C. 对湿填料 u 增大，$\Delta p/Z$ 增大
D. 载点以后泛点以前 u 增大，$\Delta p/Z$ 不变
E. 泛点以后 u 增大，$\Delta p/Z$ 增大

4. 测定压降—气速曲线的意义在于：
A. 确定填料塔的直径
B. 确定填料塔的高度
C. 确定填料层的高度
D. 选择适当的风机

5. 测定体积传质系数 K_Ya 的意义在于：
A. 确定填料塔的直径
B. 计算填料塔的高度
C. 确定填料层的高度
D. 选择适当的风机

6. 为测取压降—气速曲线，需测下列哪组数据？
A. 测流速、压降和大气压
B. 测水流量、空气流量、水温和空气温度
C. 测塔压降、空气转子流量计读数、空气温度、空气压力和大气压

7. 传质单元数的物理意义为：
A. 反映了物系分离的难易程度
B. 反映了相平衡关系和设备中操作条件
C. 仅反映设备性能的好坏（高低）

D. 反映了相平衡关系和进出口浓度的状况

8. H_{OG}的物理意义为：

A. 反映了物系分离的难易程度

B. 反映了相平衡关系和设备中操作条件

C. 仅反映设备性能的好坏（高低）

D. 反映了相平衡关系和进出口浓度的状况

9. 温度和压力对吸收的影响为：

A. T 增大，p 减小；Y_2 增大，X_1 减小

B. T 减小，p 增大；Y_2 减小，X_1 增大

C. T 减小，p 增大；Y_2 增大，X_1 减小

D. T 增大，p 减小；Y_2 减小，X_1 增大

10. 气体流速 u 增大对 K_Ya 的影响为：

A. u 增大，K_Ya 增大

B. u 增大，K_Ya 不变

C. u 增大，K_Ya 减少

实验六　干燥仿真实验

一、常规操作和操作代码

进入仿真系统后，当出现音乐、实验题目后，再连续回车或按空格键直到显示仿真操作选择菜单，选“1”即进入仿真操作。屏幕出现实验装置图，图形下方显示实验各控制点的操作说明，即仿真操作主菜单，选择相应的代码进行操作。选定后按“↑”键或者“↓”键进行开、关或量的调节。当需要记录数据时，按R键或W键自动将当前状态的数据记录下来并存入硬盘中，以便数据处理时调用。

每完成一项操作按回车又回到主菜单。操作代码如下：

1—电源开关K1

2—电源开关K2

3—电源开关K3

4—干燥温度控制调整

0—返回

a—湿球温度计灌水操作

c—秒表控制操作

5—天平砝码操作

6—空气量调节阀V1

7—旁路阀V2

8—空气循环量调节阀V3

9—电源总开关K

b—干燥试样（纸板）操作

注意：实验中流量计为孔板流量计。按c键则进入秒表控制操作。

二、仿真实验步骤

（1）给湿球温度计加水：即按a键，再按“↑”键，然后按回车键。

（2）打开蝶阀V2：即选数字键“7”，按“↑”键，再按回车键；打开蝶阀V3：即选数字键“8”，按“↑”键，再按回车键。

（3）打开电源开关K：即按数字键“9”，再按“↑”键，然后按回车键。

（4）关闭阀V2：即选数字键“7”，按“↓”键，再按回车键；关闭阀V3：即选数字键“8”，按“↓”键，再按回车键。

（5）打开电加热开关K1、K2、K3以加热空气。打开K1：即选数字键“1”，按“↑”键，再按回车键；打开K2：即选数字键“2”，按“↑”键，再按回车键；打开K3：即选数字键“3”，按“↑”键，再按回车键。

（6）调整温控器设定干燥温度，使其指示值约为75℃：选数字键“4”，按“↑”键或“↓”键可将温度设定在70～75℃之间。

（7）当干燥温度 t_1 升至70～75℃时，关闭一个加热器K2或K3。

（8）调整蝶阀V1：即选数字键“6”，按“↑”键或“↓”键使孔板流量计（压差计）示值为60mm H_2O 左右，然后按回车键。

（9）挂上湿纸板试样：即按b键，再按“↑”键，然后按回车键。

（10）调整天平砝码使物料质量在90～130g之间：即按数字键“5”，再按“↑”键或“↓”键使天平第一行显示值在以上范围内。第二行数字表示所加砝码比物料重或轻的克数，使其值稍轻些，即为负值。

（11）进入秒表控制操作，待天平平衡时启动秒表1：即按C键进入秒表控制点，再按数字键“1”，然后按R键记录初始干燥状态数据，按回车键。

（12）将天平砝码减少3g，再进入秒表控制操作。

（13）待天平平衡时停秒表1并同时启动秒表2，按R键，记录一组数据。

（14）将秒表1复零，按回车键，再减去砝码天平砝码3g，又进入秒表控制操作。

（15）待天平平衡时停秒表2并同时启动秒表1和按R键，记录另一组数据。

（16）秒表2复零，按回车键，再减去天平砝码3g。

（17）重复（13）～（16）步操作，至干燥出现降速阶段以后再记录若干组数据。

（18）关闭加热电源K1、K2、K3和电源开关K，退出。

三、实验数据处理操作

本实验处理程序可处理仿真操作所记录的数据，也可以处理实验装置采集到的数据。

1. 处理仿真操作实验数据

完成仿真操作并退出后，选数字键“3”进入数据处理操作。此时，屏幕显示如图4-6-1所示。

连续按“↓”键或“↑”键使选择标记“长方格”移动至“读磁盘数据”一栏，再按回车键，屏幕上出现提示输入数据，按R键即调出仿真后储存的磁盘数据（做过仿真操作才有数据）。然后再按“↓”键，每按一次读入一组数据，直到读完为止。

要显示或打印实验结果时，则选中“显示或打印”栏，按回车键，即可把实验数据以实验报告的形式显示或打印出来。每按一次回车键，即显示一屏数据或图形，继续按回车键直到显示完为止。选中“返回”并按回车键，则退出数据处理操作。

干燥实验

一、基本数据

设备编号：DRY-1　　纸板规格：146.0mm×98.0mm×7.5mm

室温：25℃　　绝干物料：46.5g　　湿物料：130.0g

孔板流量计读数：0.0　　热空气温度：0.0℃　　湿球温度：0.0℃

是否打印：N　　测定实验数据次数：0

二、实验测定数据：

读磁盘数据

序号	湿物料量（g）	蒸发水量（g）	干燥时间（s）
1	0	0	0

显示或打印　　返回

图4-6-1

2. 处理实验装置采集的数据

选中要输入数据的那一栏，按回车键，输入相应符号或数据。再按回车键便改变原来数据而输入新的数据。输入各项数据时，可用"→"、"←"键进行输入或修改，直到正确为止。最后选中"显示或打印"栏，按回车键，显示数据处理结果。

四、实验知识测评操作

完成仿真操作退出后，按"2"键选择"实验测评"，此时屏幕显示第一大题，可按"↑"键或"↓"键选择每小题进行回答。选中小题后即在题号左端出现提示符，认为对的按Y，错的按N，可以反复按Y或N。测评题目要求全判断，即多项双向选择。若选择一至九大题，可直接按数字键1至9；若选择十至十九大题，应先按住"Alt"键再按数字键。此外，还可以按"PgDn"键选下一大题，按"PgUp"键选上一大题。按数字"0"选择答题总表，以便观察各题解答情况。

当做题时间满15min或按"Ctrl+End"键（即按"Ctrl"键的同时按"End"键），计算机自动退出并给出测评分数。再按回车键返回主菜单。

整个操作在屏幕下方有详细说明。

五、实验测试题

双向多项选择题。以下各题中的A、B、C、D选项，你认为对的按Y键，错的按N键。要求全判断。

1. 在干燥实验中，提高热载体的进口温度，其干燥速度：
A. 不变
B. 降低
C. 提高

2. 干燥速率是：
A. 被干燥物料中液体的蒸发量随时间的变化率
B. 被干燥物料单位面积液体的蒸发量随时间的变化率
C. 被干燥物料单位面积液体的蒸发量随温度的变化率
D. 当推动力为单位湿度差时，单位表面积上单位时间液体的蒸发量

3. 若干燥室不向外界环境散热，通过干燥室的空气将经历怎样的变化过程?
A. 等温过程
B. 绝热增湿过程
C. 近似的等焓过程
D. 等湿过程

4. 本实验中如果湿球温度计指示温度升高了，可能的原因有：
A. 湿球温度计的棉纱球缺水
B. 湿球温度计的棉纱球被水淹没
C. 入口空气的焓值增大了，而干球温度未变
D. 入口温度的焓值未变，而干球温度升高了

5. 本实验装置采用部分干燥介质（空气）循环使用的方法是为了：
A. 在保证一定传质推动力的前提下节约热能
B. 提高传质推动力
C. 提高干燥速率

6. 本实验中空气加热器出入口相对湿度之比等于：

A. 入口温度: 出口温度

B. 出口温度: 入口温度

C. 入口温度下水的饱和蒸汽压: 出口温度下水的饱和蒸汽压

D. 出口温度下水的饱和蒸汽压: 入口温度下水的饱和蒸汽压

7. 物料在一定干燥条件下的临界干基含水率为:

A. 干燥速率为零时的干基含水率

B. 干燥速率曲线上由恒速转为降速的那一点上的干基含水量

C. 干燥速率曲线上由升速转为恒速的那一点上的干基含水量

D. 恒速干燥线上任一点所对应的干基含水率

8. 等式 $(t-t_{w})a/r=k(H_{w}-H)$ 在什么条件下成立?

A. 恒速干燥条件下

B. 物料表面温度等于空气的湿球温度时

C. 物料表面温度接近空气的绝热饱和温度时

D. 降速干燥条件下

E. 物料升温阶段

9. 下列条件中哪些有利于干燥过程进行?

A. 提高空气温度

B. 降低空气湿度

C. 提高空气流速

D. 提高空气湿度

E. 降低入口空气相对湿度

10. 若干燥室不向外界环境散热，则在恒速干燥阶段出入口湿球温度的关系是:

A. 入口湿球温度 > 出口湿球温度

B. 入口湿球温度 < 出口湿球温度

C. 入口湿球温度 = 出口湿球温度

第五章　实验数据处理软件

一、概述

化工原理实验装置是由多家公司生产的设备，由此实验数据处理软件也由多家公司提供配套。软件包括了6个数据处理软件：流体流动阻力系数测定、离心泵特性曲线测定、恒压过滤常数测定、对流传热系数测定、筛板精馏塔理论板层数和塔效率测定、填料塔吸收和解吸总传质系数测定等实验数据处理软件。学生在实验后，整理好所有的数据并通过实验数据处理软件处理，可及时得到实验数据的结果，从而判断实验的数据是否正确，也为教师对学生实验的效果提供了判断的依据。

二、数据处理软件的使用

实验数据处理软件安装于计算机系统中，在计算机桌面上可以找到如下软件的软件包：CE2000、化工原理和广工大化工原理。点击即可进入。

1.《CE2000 化工原理实验测控系统》

此软件适用于流体流动阻力和离心泵特性实验。

在系统中点击“CE2000”后的界面如图5-1所示。在界面上输入密码再点击“确定”则进入下一界面，如图5-2所示。

图5-1　CE2000实验数据处理系统界面

图 5-2　实验项目界面

在图 5-2 中显示红色的是可以进入的软件。选择进入其中的实验项目则进入下一界面，如图 5-3 所示。把图 5-3 所示的学院、系别、学号、班级和姓名填好后，点击“确认”进入下一界面，如图 5-4 所示。

图 5-3　信息界面

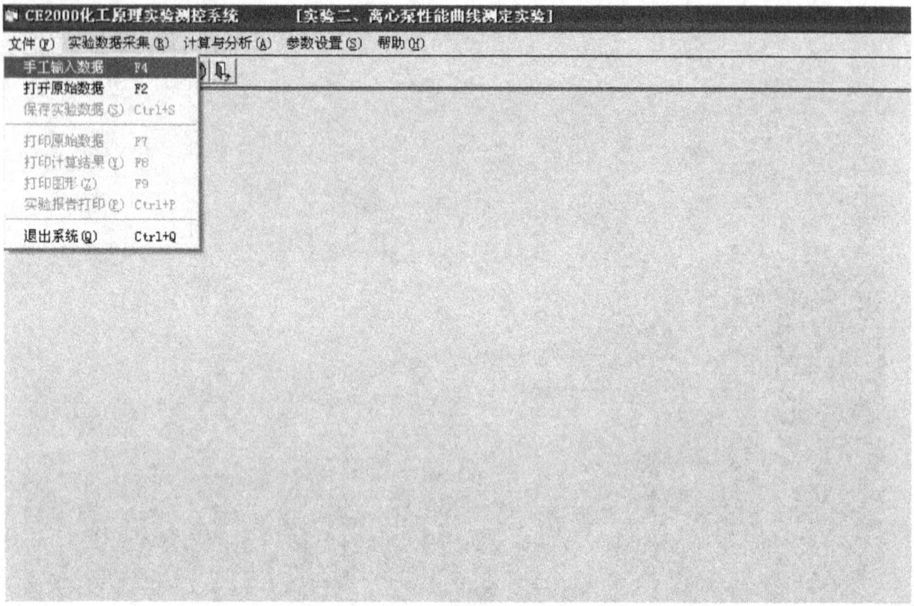

图5-4 进入数据界面

进入图5-4界面后，点击“文件”条目，再进入“手工输入数据”，则进入实验数据输入界面，如图5-5所示。此时即可按栏目要求开始输入实验所测得的数据。输完数据后，必须保存。之后点击“计算与分析”栏目，则进入数据显示界面，如图5-6所示。

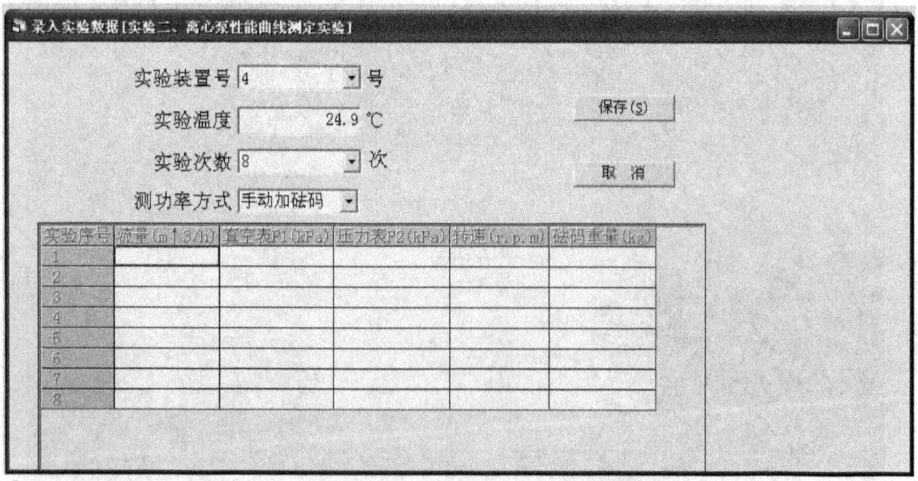

图5-5 数据输入界面

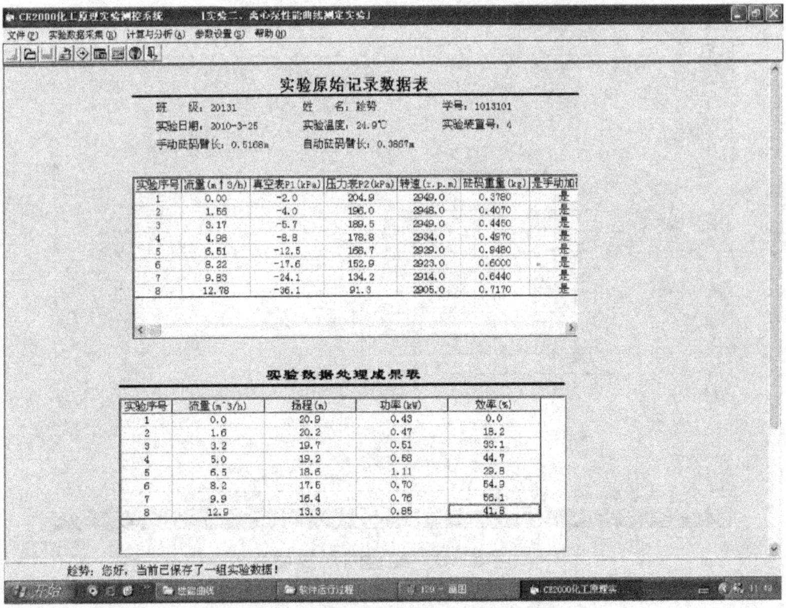

图5-6　数据计算与分析显示界面

点击“图形”栏目，即出现如图5-7所示的图线信息界面。再点击“确定”进入如图5-8所示的实验结果的图形。

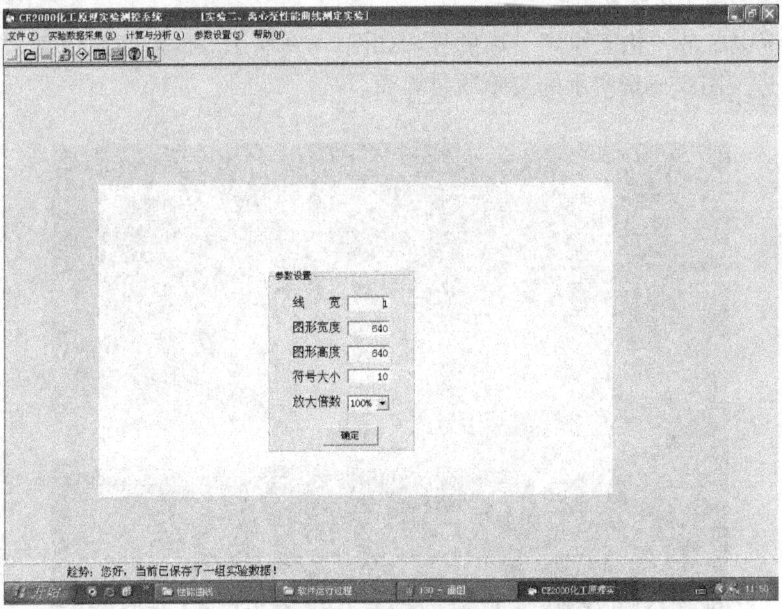

图5-7　图线信息界面

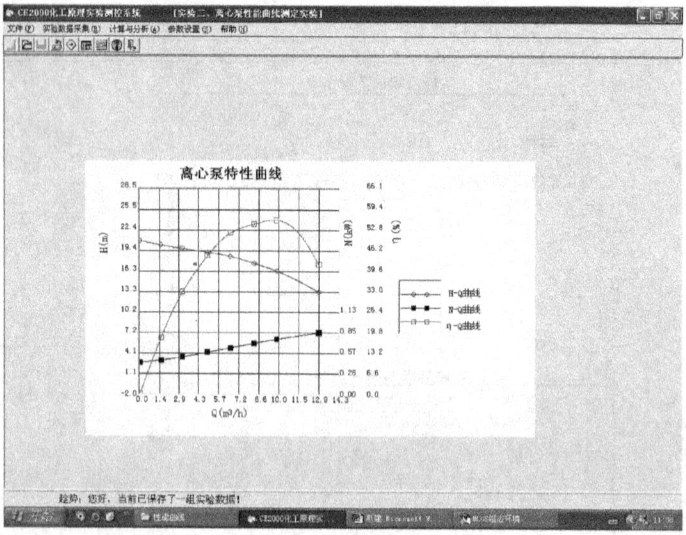

图 5-8　实验图形界面

由图 5-8 的情况即可判断实验结果的正确性。若结果不好或不正确，要分析原因，找出问题所在。

2. 《化工原理实验数据处理软件》

此软件适用于传热实验。

在系统中点击“化工原理”后的界面如图 5-9 所示。然后输入信息“学号”和“密码”，进入图 5-10 所示的实验项目界面。

图 5-9　《化工原理实验数据处理软件》系统界面

图 5－10　实验项目界面

选择相关的实验项目后进入如图 5－11 所示的数据输入界面。把实验所测取的数据整理汇总后输入栏目中。数据输入完毕，进入如图 5－12 所示实验装置选择界面，选择相关信息。

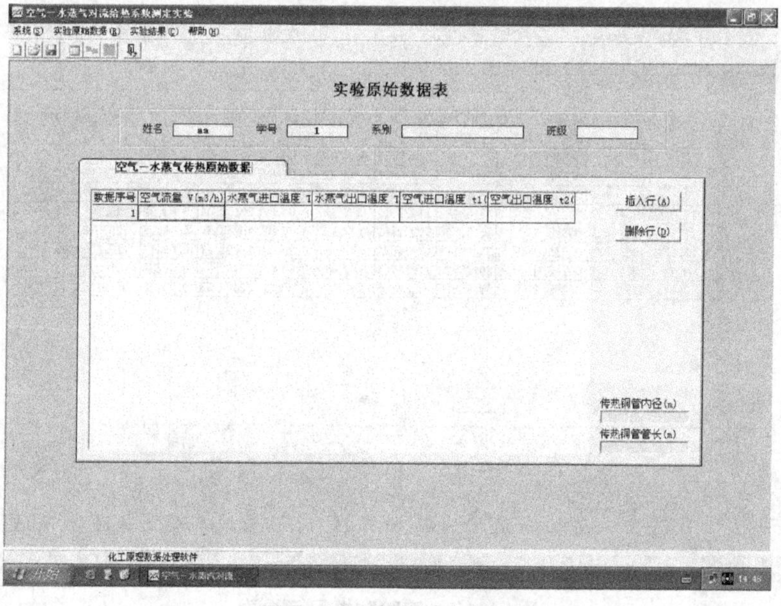

图 5－11　数据输入界面

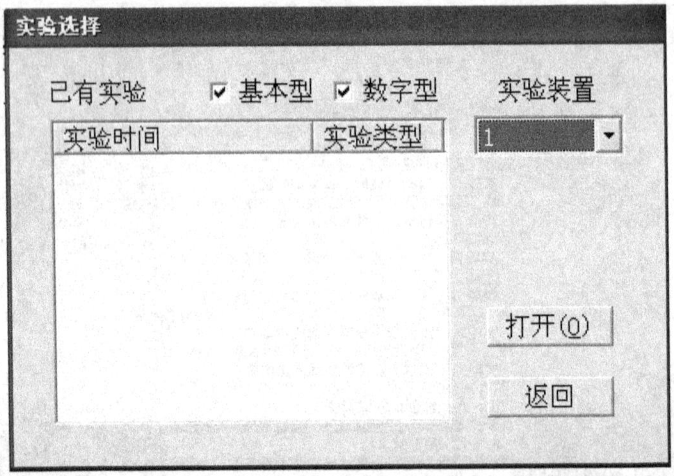

图 5-12　实验装置选择界面

进入实验数据栏目，则显示实验数据结果如图 5-13 所示。点击图形栏目，则显示实验结果图和斜率与截距的数据，由此判断实验的结果是否合理，如图 5-14 所示。

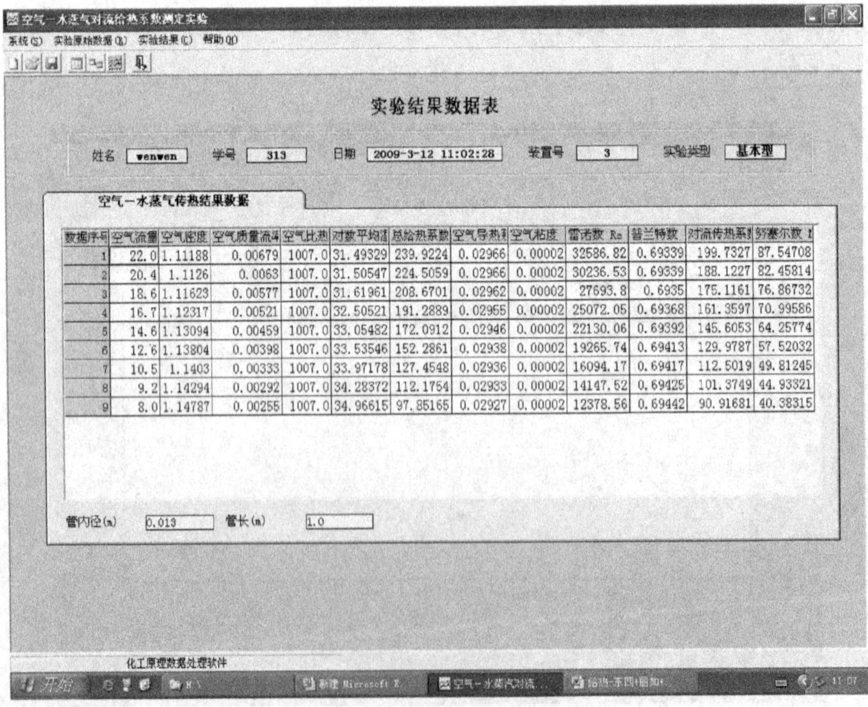

图 5-13　实验数据显示界面

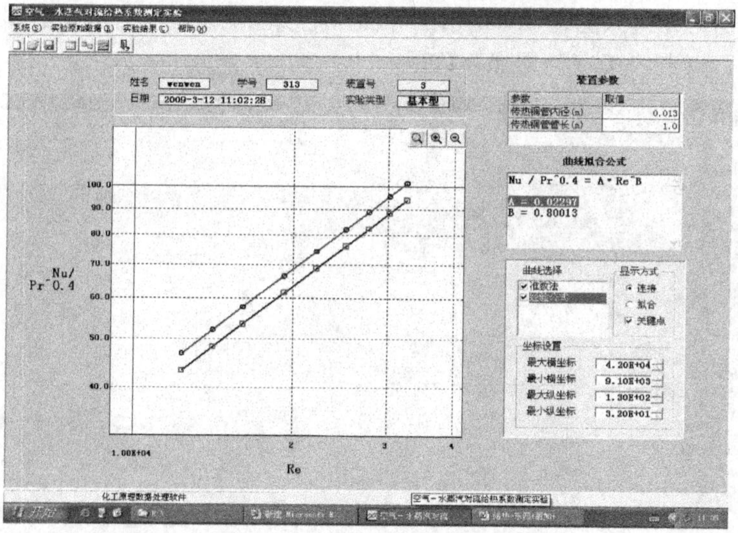

图 5－14　实验结果显示界面

3. 《广工大化工原理软件》

此软件适用于过滤实验。

在系统中点击“广工大化工原理”文件夹后，展现“过滤”、“精馏”、“吸收”等文件。然后点击相关的文件夹，如“过滤”即进入过滤软件的界面，如图 5－15 所示。之后输入实验的信息。

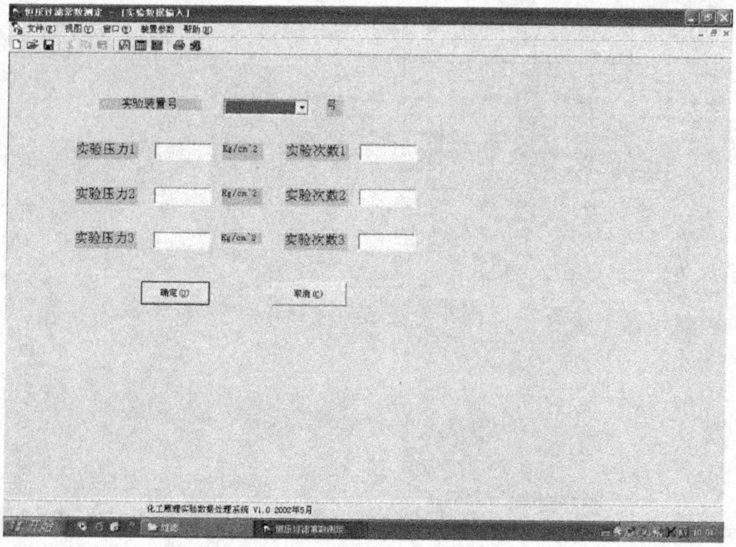

图 5－15　实验信息显示界面

之后点击确定进入图 5－16 所示的界面。把实验测定的所有原始数据输入完成并检查无误后，点击“确定”即保存数据。

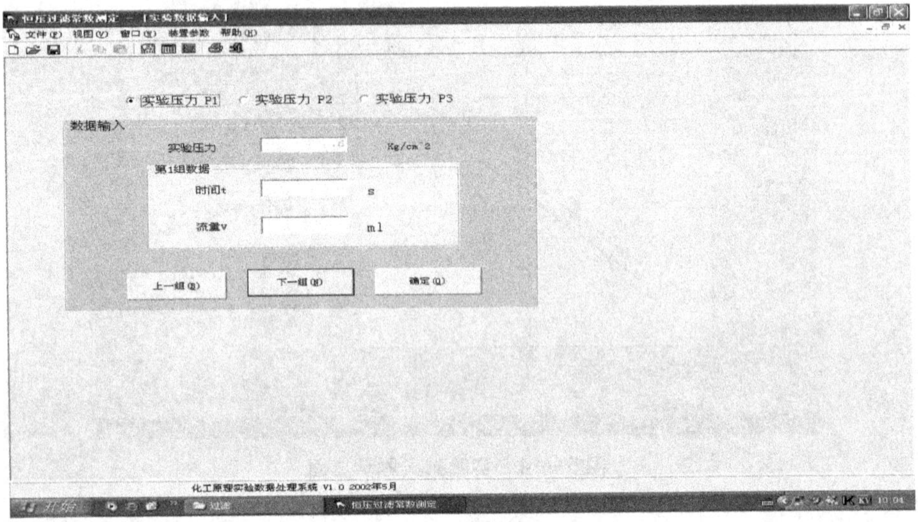

图 5－16　输入数据显示界面

点击图形栏目则显示实验结果图和数据，如图 5－17、图 5－18 所示。由此可判断实验的结果是否合理。

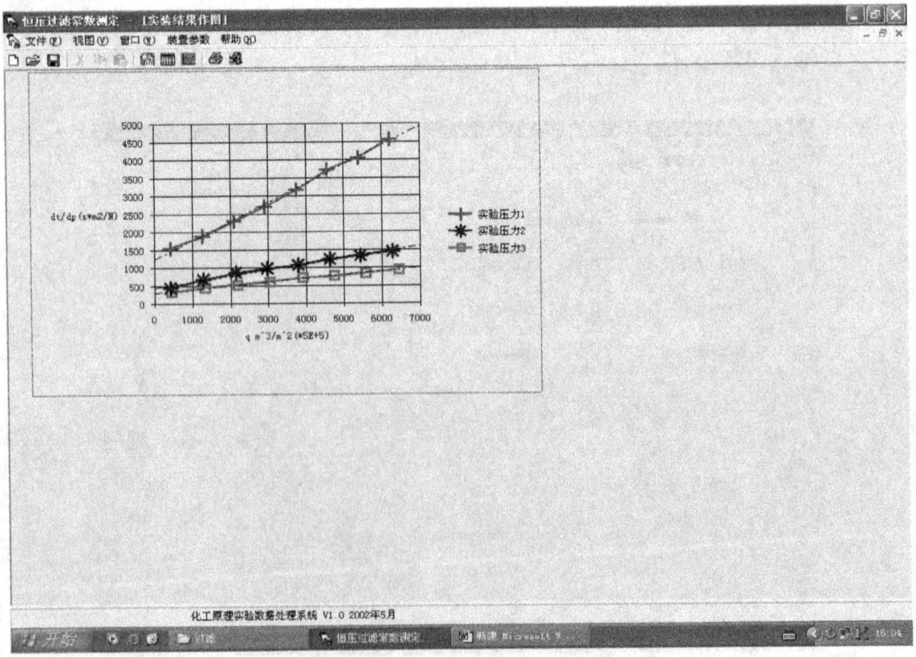

图 5－17　实验图形显示界面

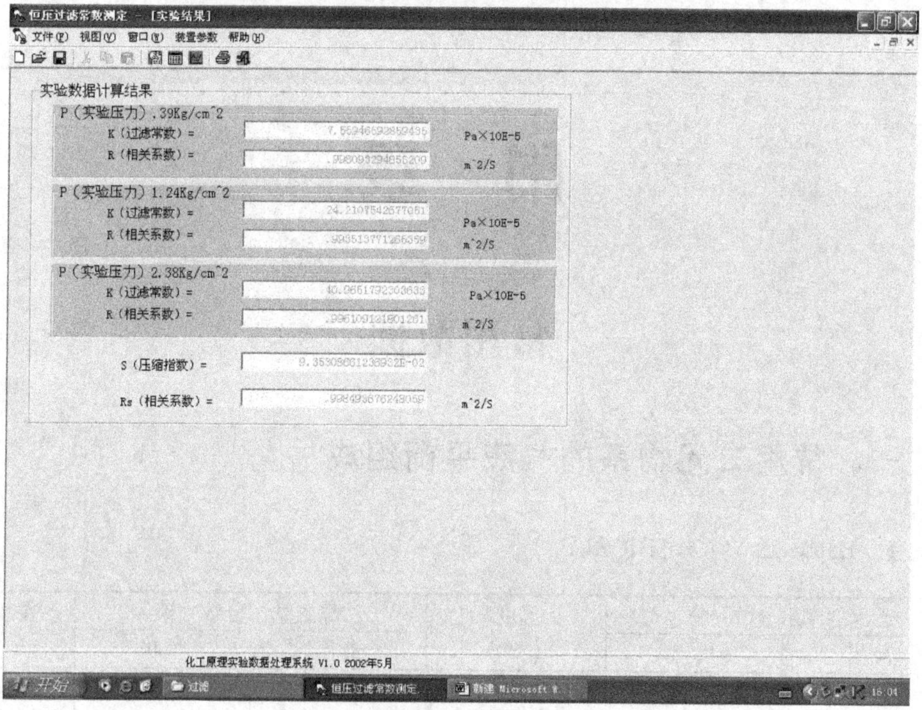

图5－18　实验数据显示界面

附　录

常用数据

一、常用二元物系的气液平衡组成

1. 乙醇-水（$p=101.3kPa$）

乙醇的摩尔分数（%）		温度	乙醇的摩尔分数（%）		温度
液相	气相	（℃）	液相	气相	（℃）
0.00	0.00	100.00	45.41	63.43	80.4
2.01	18.38	94.95	50.16	65.34	80.0
5.07	33.06	90.5	54.00	66.92	79.75
7.95	40.18	87.7	59.55	69.59	79.55
10.48	44.61	86.2	64.05	71.86	79.3
14.95	49.77	84.5	70.63	75.82	78.85
20.00	53.09	83.3	75.99	79.26	78.6
25.00	55.48	82.35	79.82	81.83	78.4
30.01	57.70	81.6	85.97	86.40	78.2
35.09	59.55	81.2	89.41	89.41	78.15
40.00	61.44	80.75			

2. 甲醇-水（$p=101.3kPa$）

甲醇的摩尔分数（%）		温度	甲醇的摩尔分数（%）		温度
液相	气相	（℃）	液相	气相	（℃）
5.31	28.34	92.9	29.09	68.01	77.8
7.67	40.01	90.3	33.33	69.18	76.7
9.26	43.53	88.9	35.13	73.47	76.2
12.57	48.31	86.6	46.20	77.56	73.8
13.15	54.55	85.0	52.92	79.71	72.7
16.74	55.85	83.2	59.37	81.83	71.3
18.18	57.75	82.3	68.49	84.92	70.0
20.83	62.73	81.6	77.01	89.62	68.0
23.19	64.85	80.2	87.41	91.94	66.9
28.18	67.75	78.0			

3. 苯-甲苯（$p=101.3$kPa）

苯的摩尔分数（%）		温度（℃）	苯的摩尔分数（%）		温度（℃）
液相	气相		液相	气相	
0.0	0.0	110.6	59.2	78.9	89.4
8.8	21.2	106.1	70.0	85.3	86.8
20.0	37.0	102.2	80.3	91.4	84.4
30.0	50.0	98.6	90.3	95.7	82.3
39.7	61.8	95.2	95.0	97.9	81.2
48.9	71.0	92.1	100.0	100.0	80.2

4. 水-醋酸（$p=101.3$kPa）

水的摩尔分数（%）		温度（℃）	水的摩尔分数（%）		温度（℃）
液相	气相		液相	气相	
0.0	0.0	118.2	83.3	88.6	101.3
27.0	39.4	108.2	88.6	91.9	100.9
45.5	56.5	105.3	93.0	95.0	100.5
58.8	70.7	103.8	96.8	97.7	100.2
69.0	79.0	102.8	100.0	100.0	100.0
76.9	84.5	101.9			

二、乙醇溶液的物理常数

1. 乙醇-水溶液的密度，kg/m^3（10～70℃）（$p=101.3$kPa）

质量（%）	温度（℃）						
	10	20	30	40	50	60	70
8.01	990	980	980	970	970	960	960
16.21	980	970	960	960	950	940	920
24.61	970	960	950	940	930	930	910
33.30	950	950	930	920	910	900	890
42.43	940	930	910	900	890	880	870
52.09	910	910	880	870	870	860	850
62.39	890	880	860	860	840	830	820
73.48	870	860	830	830	820	810	800
85.66	840	830	810	800	790	780	770
100.0	800	790	780	770	760	750	750

2. 乙醇-水溶液的物理常数（$p=101.3\text{kPa}$）

温度（15℃）		密度（15℃）	沸点（℃）	比热容［kJ/(kg·℃)］		焓（kJ/kg）		
体积（%）	质量（%）			α	β	饱和液体	干饱和蒸气	蒸发潜热
10	8.05	0.9876	92.63	4.430	0.00833	444.1	2581.9	2135.9
12	9.69	0.9845	91.59	4.451	0.00842	447.1	2556.5	2113.4
14	11.33	0.9822	90.67	4.460	0.00846	439.1	2529.9	2091.5
16	12.97	0.9802	89.83	4.468	0.00850	435.6	2503.9	2064.9
18	14.62	0.9782	89.07	4.472	0.00854	432.1	2477.7	2045.6
20	16.28	0.9763	88.39	4.463	0.00858	427.8	2450.9	2023.2
22	17.95	0.9742	87.75	4.455	0.00863	424.0	2424.2	1991.1
24	19.62	0.9721	87.16	4.447	0.00871	420.6	2396.6	1977.2
26	21.30	0.9700	86.67	4.438	0.00884	417.5	2371.9	1954.4
28	24.69	0.9679	86.10	4.430	0.00900	414.7	2345.7	1930.9
30	24.99	0.9657	85.66	4.417	0.00917	412.0	2319.7	1907.7
32	26.40	0.9633	85.27	4.401	0.00942	409.4	2292.6	1884.1
34	28.13	0.9608	84.92	4.384	0.00963	406.9	2267.2	1860.9
38	31.62	0.9558	84.32	4.346	0.01013	402.4	2215.1	1812.7
40	33.39	0.9523	84.08	4.283	0.01014	400.0	2188.4	1788.4

$$c=\alpha+\beta\frac{t_1+t_2}{2}\quad \text{kJ/(kg·℃)}$$

α，β 系数从上表查出，t_1，t_2 为酒精溶液的升温范围，酒精蒸发潜热为 854.62kJ/kg（78.3℃）。

3. 乙醇-水蒸气在沸腾温度下的密度，kg/m³（$p=101.3\text{kPa}$）

质量（%）	ρ	质量（%）	ρ	质量（%）	ρ
0	0.589	35	0.785	70	1.085
5	0.620	40	0.817	75	1.145
10	0.643	45	0.854	80	1.224
15	0.667	50	0.887	85	1.309
20	0.694	55	0.933	90	1.398
25	0.722	60	0.976	95	1.498
30	0.750	65	1.020	100	1.592

三、酒精计示值与体积的换算

酒精计示值与温度的容积百分率换算表

溶液温度（℃）	酒精计示值																				
	20.0	19.0	18.0	17.0	16.0	15.0	14.0	13.0	12.0	11.0	10.0	9.0	8.0	7.0	6.0	5.0	4.0	3.0	2.0	1.0	0
	温度20℃时用容积百分数表示的酒精浓度																				
30	16.8	16.0	15.1	14.2	13.4	12.5	11.6	10.7	9.8	8.9	7.9	7.0	6.1	5.2	4.2	3.3	2.4	1.4	0.4		
29	17.2	16.3	15.4	14.5	13.6	12.7	11.8	10.9	10.0	9.1	8.2	7.2	6.3	5.4	4.4	3.5	2.5	1.6	0.6		
28	17.5	16.6	15.7	14.8	13.9	13.0	12.1	11.2	10.3	9.3	8.4	7.5	6.5	5.6	4.6	3.7	2.7	1.8	0.8		
27	17.8	16.9	16.0	15.1	14.2	13.2	12.3	11.4	10.5	9.5	8.6	7.7	6.7	5.8	4.8	3.9	2.9	1.9	1.0	0.0	
26	18.1	17.2	16.3	15.4	14.4	13.5	12.6	11.7	10.7	9.8	8.8	7.9	6.9	6.0	5.0	4.0	3.1	2.1	1.1	0.1	
25	18.4	17.5	16.6	15.6	14.7	13.8	12.8	11.9	10.9	10.0	9.0	8.1	7.1	6.2	5.2	4.2	3.2	2.3	1.3	0.3	
24	18.7	17.8	16.9	15.9	15.0	14.0	13.1	12.1	11.2	10.2	9.2	8.3	7.3	6.3	5.4	4.4	3.4	2.4	1.4	0.4	
23	19.0	18.1	17.1	16.2	15.2	14.3	13.3	12.3	11.4	10.4	9.4	8.4	7.5	6.5	5.5	4.6	3.6	2.6	1.6	0.6	
22	19.4	18.4	17.4	16.5	15.5	14.5	13.6	12.6	11.6	10.6	9.6	8.6	7.7	6.7	5.7	4.7	3.7	2.7	1.7	0.7	
21	19.7	18.7	17.7	16.7	15.7	14.8	13.8	12.8	11.8	10.8	9.8	8.8	7.8	6.8	5.8	4.8	3.9	2.9	1.9	0.9	
20	20.0	19.0	18.0	17.0	16.0	15.0	14.0	13.0	12.0	11.0	10.0	9.0	8.0	7.0	6.0	5.0	4.0	3.0	2.0	1.0	0.0
19	20.3	19.3	18.3	17.3	16.3	15.2	14.2	13.2	12.2	11.2	10.2	9.2	8.2	7.2	6.1	5.1	4.1	3.1	2.1	1.1	0.1
18	20.6	19.6	18.6	17.6	16.5	15.5	14.4	13.4	12.4	11.4	10.4	9.3	8.3	7.3	6.3	5.3	4.2	3.2	2.2	1.2	0.2
17	20.9	19.9	18.9	17.8	16.8	15.7	14.7	13.6	12.6	11.5	10.5	9.5	8.5	7.4	6.4	5.4	4.4	3.4	2.3	1.3	0.3
16	21.2	20.2	19.2	18.1	17.0	15.9	14.9	13.8	12.8	11.7	10.7	9.6	8.6	7.6	6.5	5.5	4.5	3.6	2.4	1.4	0.4

酒精计示值与温度的容积百分率换算表

溶液温度（℃）	酒精计示值																			
	40.0	39.0	38.0	37.0	36.0	35.0	34.0	33.0	32.0	31.0	30.0	29.0	28.0	27.0	26.0	25.0	24.0	23.0	22.0	21.0
	温度20℃时用容积百分数表示的酒精浓度																			
30	36.0	35.0	34.0	33.0	32.0	30.9	29.9	28.9	28.0	27.0	26.1	25.1	24.2	23.2	22.3	21.4	20.5	19.6	18.6	17.7
29	36.4	35.4	34.4	33.4	32.3	31.3	30.3	29.4	28.4	27.4	26.4	25.5	24.6	23.6	22.7	21.8	20.8	19.9	19.0	18.0
28	36.8	35.8	34.8	33.8	32.8	31.7	30.7	29.7	28.8	27.8	26.8	25.9	24.9	24.0	23.0	22.1	21.2	20.2	19.3	18.4
27	37.2	36.2	35.2	34.2	33.2	32.2	31.2	30.2	29.2	28.2	27.2	26.3	25.3	24.4	23.4	22.5	21.5	20.6	19.6	18.7
26	37.6	36.6	35.6	34.6	33.6	32.6	31.6	30.6	29.6	28.6	27.6	26.6	25.7	24.7	23.8	22.8	21.9	20.9	20.0	19.0
25	38.0	37.0	36.0	35.0	34.0	33.0	32.0	31.0	30.0	29.0	28.0	27.0	26.1	25.1	24.1	23.2	22.2	21.3	20.3	19.4
24	38.4	37.4	36.4	35.4	34.4	33.4	32.4	31.4	30.4	29.4	28.4	27.4	26.4	25.5	24.5	23.5	22.6	21.6	20.7	19.7
23	38.8	37.8	36.8	35.8	34.8	33.8	32.8	31.8	30.8	29.8	28.8	27.8	26.8	25.8	24.9	23.9	22.9	22.0	21.0	20.0
22	39.2	38.2	37.2	36.2	35.2	34.2	33.2	32.2	31.2	30.2	29.2	28.2	27.2	26.2	25.3	24.3	23.3	22.3	21.3	20.4
21	39.6	38.6	37.6	36.6	35.6	34.6	33.6	32.6	31.6	30.6	29.6	28.6	27.6	26.6	25.6	24.6	23.6	22.6	21.7	20.7
20	40.0	39.0	38.0	37.0	36.0	35.0	34.0	33.0	32.0	31.0	30.0	29.0	28.0	27.0	26.0	25.0	24.0	23.0	22.0	21.0
19	40.4	39.4	38.4	37.4	36.4	35.4	34.4	33.4	32.4	31.4	30.4	29.4	28.4	27.4	26.4	25.4	24.4	23.3	22.3	21.3
18	40.8	39.8	38.8	37.8	36.8	35.8	34.8	33.8	32.8	31.8	30.8	29.8	28.8	27.8	26.7	25.7	24.7	23.7	22.6	21.6
17	41.2	40.2	39.2	38.2	37.2	36.2	35.2	34.2	33.2	32.2	31.2	30.2	29.2	28.1	27.1	26.1	25.1	24.0	23.0	22.0
16	41.6	40.6	39.6	38.6	37.6	36.6	35.6	34.6	33.6	32.6	31.6	30.6	29.6	28.5	27.5	26.5	25.4	24.4	23.3	22.3

酒精计示值与温度的容积百分率换算表

溶液温度（℃）	酒精计示值																			
	60.0	59.0	58.0	57.0	56.0	55.0	54.0	53.0	52.0	51.0	50.0	49.0	48.0	47.0	46.0	45.0	44.0	43.0	42.0	41.0
	温度20℃时用容积百分数表示的酒精浓度																			
30	56.4	55.4	54.4	53.4	52.3	51.3	50.3	49.3	48.2	47.2	46.2	45.2	44.2	43.1	42.1	41.1	40.1	39.0	38.0	37.0
29	56.8	55.8	54.8	53.7	52.7	51.7	50.7	49.6	48.6	47.6	46.6	45.6	44.5	43.5	42.5	41.5	40.4	39.4	38.4	37.4
28	57.2	56.1	55.1	54.1	53.1	52.1	51.0	50.0	49.0	48.0	47.0	45.9	44.9	43.9	42.9	41.9	40.8	39.8	38.8	37.8
27	57.5	56.5	55.5	54.5	53.4	52.4	51.4	50.4	49.4	48.3	47.3	46.3	45.3	44.3	43.3	42.3	41.2	40.2	39.2	38.2
26	57.9	56.9	55.8	54.8	53.8	52.8	51.8	50.8	49.7	48.7	47.7	46.7	45.7	44.7	43.7	42.7	41.6	40.6	39.6	38.6
25	58.2	57.2	56.2	55.2	54.2	53.2	52.2	51.1	50.1	49.1	48.1	47.1	46.1	45.1	44.1	43.0	42.0	41.0	40.0	39.0
24	58.6	57.6	56.6	55.6	54.5	53.5	52.5	51.5	50.5	49.5	48.5	47.5	46.4	45.4	44.4	43.4	42.4	41.4	40.4	39.4
23	58.9	57.9	56.9	55.9	54.6	53.9	52.9	51.9	50.9	49.9	48.9	47.8	46.8	45.8	44.8	43.8	42.8	41.8	40.8	39.8
22	59.3	58.3	57.3	56.3	55.3	54.3	53.3	52.2	51.2	50.2	49.2	48.2	47.2	46.2	45.2	44.2	43.2	42.2	41.2	40.2
21	59.6	58.6	57.6	56.6	55.6	54.6	53.6	52.6	51.6	50.6	49.6	48.6	47.6	46.6	45.6	44.6	43.6	42.6	41.6	40.6
20	60.0	59.0	58.0	57.0	56.0	55.0	54.0	53.0	52.0	51.0	50.0	49.0	48.0	47.0	46.0	45.0	44.0	43.0	42.0	41.0
19	60.4	59.4	58.4	57.4	56.4	55.4	54.4	53.4	52.4	51.4	50.4	49.4	48.4	47.4	46.4	45.4	44.4	43.4	42.4	41.4
18	60.7	59.7	58.7	57.7	56.7	55.7	54.7	53.7	52.7	51.7	50.7	49.8	48.8	47.8	46.8	45.8	44.8	43.8	42.8	41.8
17	61.0	60.0	59.1	58.1	57.1	56.1	55.1	54.1	53.1	52.1	51.1	50.1	49.2	48.2	47.2	46.2	45.2	44.2	43.2	42.2
16	61.4	60.4	59.4	58.4	57.4	56.4	55.5	54.5	53.5	52.5	51.5	50.5	49.5	48.6	47.6	46.6	45.6	44.6	43.6	42.6

酒精计示值与温度的容积百分率换算表

溶液温度（℃）	酒精计示值																			
	80.0	79.0	78.0	77.0	76.0	75.0	74.0	73.0	72.0	71.0	70.0	69.0	68.0	67.0	66.0	65.0	64.0	63.0	62.0	61.0
	温度20℃时用容积百分数表示的酒精浓度																			
30	76.9	75.9	74.9	73.8	72.8	71.8	70.8	69.8	68.7	67.7	66.7	65.7	64.6	63.6	62.6	61.6	60.6	59.5	58.5	57.5
29	77.2	76.2	75.2	74.2	73.2	72.1	71.1	70.1	69.1	68.0	67.0	66.0	65.0	64.0	62.9	61.9	60.9	59.9	58.8	57.8
28	77.6	76.5	75.5	74.5	73.5	72.4	71.4	70.4	69.4	68.4	67.4	66.3	65.3	64.3	63.3	62.3	61.2	60.2	59.2	58.2
27	77.9	76.8	75.8	74.8	73.8	72.8	71.8	70.7	69.7	68.7	67.7	66.7	65.7	64.6	63.6	62.6	61.6	60.6	59.6	58.5
26	78.2	77.2	76.1	75.1	74.1	73.1	72.1	71.1	70.0	69.0	68.0	67.0	66.0	65.0	64.0	63.0	61.9	60.9	59.9	58.9
25	78.5	77.5	76.4	75.4	74.4	73.4	72.4	71.4	70.4	69.4	68.4	67.3	66.3	65.3	64.3	63.3	62.3	61.3	60.3	59.2
24	78.8	77.8	76.8	75.8	74.7	73.7	72.7	71.7	70.7	69.7	68.7	67.7	66.7	65.6	64.6	63.6	62.6	61.6	60.6	59.6
23	79.1	78.1	77.1	76.1	75.1	74.1	73.0	72.0	71.0	70.0	69.0	68.0	67.0	66.0	65.0	64.0	63.0	62.0	61.0	60.0
22	79.4	78.4	77.4	76.4	75.4	74.4	73.4	72.4	71.4	70.3	69.3	68.3	67.3	66.3	65.3	64.3	63.3	62.3	61.3	60.3
21	79.7	78.7	77.7	76.7	75.7	74.7	73.7	72.7	71.7	70.7	69.7	68.7	67.7	66.7	65.7	64.6	63.6	62.6	61.6	60.6
20	80.0	79.0	78.0	77.0	76.0	75.0	74.0	73.0	72.0	71.0	70.0	69.0	68.0	67.0	66.0	65.0	64.0	63.0	62.0	61.0
19	80.3	79.3	78.3	77.3	76.3	75.3	74.3	73.3	72.3	71.3	70.3	69.3	68.3	67.3	66.3	65.3	64.3	63.3	62.3	61.3
18	80.6	79.6	78.6	77.6	76.6	75.6	74.6	73.6	72.6	71.6	70.6	69.6	68.7	67.7	66.7	65.7	64.7	63.7	62.7	61.7
17	80.9	79.9	78.9	77.9	76.9	75.9	74.9	74.0	73.0	72.0	71.0	70.0	69.0	68.0	67.0	66.0	65.0	64.0	63.0	62.0
16	81.2	80.2	79.2	78.2	77.2	76.2	75.3	74.3	73.3	72.3	71.3	70.3	69.3	68.3	67.3	66.3	65.4	64.4	63.4	62.4

酒精计示值与温度的容积百分率换算表

溶液温度（℃）	酒精计示值																			
	100	99.0	98.0	97.0	96.0	95.0	94.0	93.0	92.0	91.0	90.0	89.0	88.0	87.0	86.0	85.0	84.0	83.0	82.0	81.0
	温度20℃时用容积百分数表示的酒精浓度																			
30	98.3	97.1	96.0	94.8	93.8	92.7	91.6	90.5	89.4	88.4	87.3	86.3	85.2	84.2	83.1	82.1	81.0	80.0	79.0	78.0
29	98.4	97.3	96.2	95.1	94.0	92.9	91.8	90.8	89.7	88.6	87.6	86.5	85.5	84.4	83.4	82.4	81.3	80.3	79.3	78.3
28	98.6	97.5	96.4	95.3	94.2	93.1	92.1	91.0	90.0	88.9	87.9	86.8	85.8	84.7	83.7	82.7	81.6	80.6	79.6	78.6
27	98.8	97.7	96.6	95.5	94.5	93.4	92.3	91.3	90.2	89.2	88.1	87.1	86.1	85.0	84.0	83.0	81.9	80.9	79.9	78.9
26	99.0	97.9	96.8	95.8	94.7	93.6	92.6	91.5	90.5	89.4	88.4	87.4	86.3	85.3	84.3	83.3	82.2	81.2	80.2	79.2
25	99.2	98.1	97.0	96.0	94.9	93.9	92.8	91.8	90.7	89.7	88.7	87.7	86.6	85.6	84.6	83.6	82.5	81.5	80.5	79.5
24	99.3	98.3	97.2	96.2	95.1	94.1	93.1	92.0	91.0	90.0	89.0	87.9	86.9	85.9	84.9	83.8	82.8	81.8	80.8	79.8
23	99.5	98.5	97.4	96.4	95.4	94.3	93.3	92.3	91.3	90.2	89.2	88.2	87.2	86.2	85.1	84.1	83.1	82.1	81.1	80.1
22	99.7	98.6	97.6	96.6	95.6	94.6	93.5	92.5	91.5	90.5	89.5	88.5	87.4	86.4	85.4	84.4	83.4	82.4	81.4	80.4
21	99.8	98.8	97.8	96.8	95.8	94.8	93.8	92.8	91.8	90.7	89.7	88.7	87.7	86.7	85.7	84.7	83.7	82.7	81.7	80.7
20	100	99.0	98.0	97.0	96.0	95.0	94.0	93.0	92.0	91.0	90.0	89.0	88.0	87.0	86.0	85.0	84.0	83.0	82.0	81.0
19		99.2	98.2	97.2	96.2	95.2	94.2	93.2	92.2	91.2	90.3	89.3	88.3	87.3	86.3	85.3	84.3	83.3	82.3	81.3
18		99.3	98.4	97.4	96.4	95.4	94.4	93.5	92.5	91.5	90.5	89.5	88.5	87.5	86.5	85.6	84.6	83.6	82.6	81.6
17		99.5	98.6	97.6	96.6	95.6	94.7	93.7	92.7	91.7	90.8	89.8	88.8	87.8	86.8	85.8	84.8	83.9	82.9	81.9
16		99.7	98.8	97.8	96.8	95.9	94.9	93.9	93.0	92.0	91.0	90.0	89.0	88.1	87.1	86.1	85.1	84.2	83.2	82.2

四、乙醇溶液的物理常数

乙醇-水溶液体积百分率与重量百分率换算表

V%	G%	V%	G%	V%	G%	V%	G%
1	0.795	26	21.285	51	43.428	76	68.982
2	1.593	27	22.127	52	44.374	77	70.102
3	2.392	28	22.973	53	45.326	78	71.234
4	3.194	29	23.820	54	46.283	79	72.375
5	3.998	30	24.670	55	47.245	80	73.526
6	4.804	31	25.524	56	48.214	81	74.686
7	5.612	32	26.382	57	49.187	82	75.853
8	6.422	33	27.242	58	50.167	83	77.039
9	7.234	34	28.104	59	51.154	84	78.233
10	8.047	35	28.971	60	52.147	85	79.441
11	8.862	36	29.842	61	53.146	86	80.662
12	9.679	37	30.717	62	54.152	87	81.897
13	10.497	38	31.596	63	55.165	88	83.144
14	11.317	39	32.478	64	56.184	89	84.408
15	12.138	40	33.364	65	57.208	90	85.689
16	12.961	41	34.254	66	58.241	91	86.989
17	13.786	42	35.150	67	59.279	92	88.310
18	14.612	43	36.050	68	60.325	93	89.652
19	15.440	44	36.955	69	61.379	94	91.025
20	16.269	45	37.865	70	62.441	95	92.423
21	17.100	46	38.776	71	63.551	96	93.851
22	17.933	47	39.697	72	64.588	97	95.315
23	18.768	48	40.622	73	65.674	98	96.820
24	19.604	49	41.551	74	66.768	99	98.381
25	20.443	50	42.487	75	67.870	100	100.00

参 考 文 献

1 黄少烈，邓淑华，陈淑琼，梅慈云．简明化工原理实验指导［M］．广州：科学普及出版社，1991.4

2 黄璐，王保国．化工设计［M］．北京：化学工业出版社，2001.2

3 夏清，陈常贵．化工原理（上册）．修订版［M］．天津：天津大学出版社，2005.1

4 夏清，陈常贵．化工原理（下册）．修订版［M］．天津：天津大学出版社，2005.1

5 伍钦，邹华生，高贵田．化工原理实验［M］．广州：华南理工大学出版社，2001.8

6 史贤林，田恒水，张平．化工原理实验［M］．上海：华东理工大学出版社，2005.3

7 冯晖，居沈贵，夏毅．化工原理实验［M］．南京：东南大学出版社，2003.9

8 杨祖荣．化工原理实验［M］．北京：化学工业出版社，2004.3

9 冯亚云等．化工基础实验［M］．北京：化学工业出版社，2000.2

10 华南工学院化工原理教研组．化工过程及设备设计［M］．广州：华南工学院出版社，1986.6